U0052013

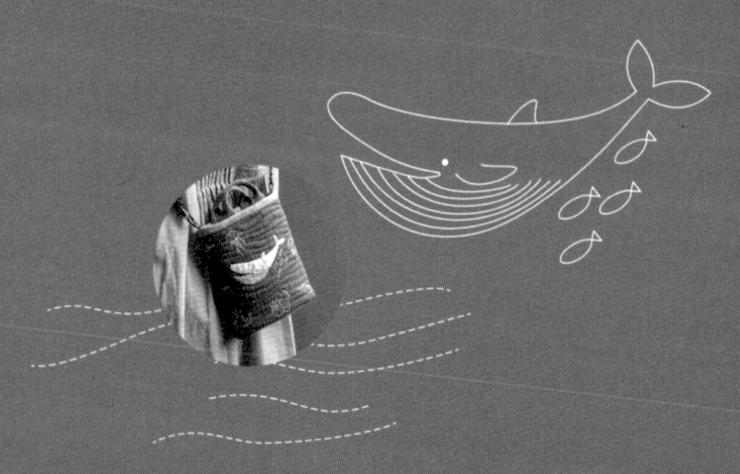

斉藤謠子の

手心拼布

可愛感滿滿的波奇包・口金包・收納小物

序

在製作大型床罩的空檔時，讓人興起想作小巧可愛作品的念頭。尺寸是剛好可放於兩手掌心的小物。

製作小型作品需注意許多縫份處理及拼接的技巧，即使尺寸小，也要注意細節，用心製作的作品，將會成為您的寶物。

起初是為了自己製作，在累積了第2個、第3個作品後，便開始產生想送給重要人物的心情，讓人感到開心。

本書收錄眾多可以放進包包或是日常生活經常使用的物品，藉由此書向大家介紹我手心中的寶物，希望您喜歡。

斉藤謠子

目次

掌中小包

生活小物

便利小物

01 掌中小包

波奇包

由前方往後延伸的奇特形狀。
貼布縫左右邊的圖案大小也順著方向改變。

作法P.58

02

青鳥波奇包

幸福的青鳥。會傳遞什麼給我呢？
使用刺繡製作細微部位。

 作法P.59

How
Jim
FISHER

附提把波奇包

在附側身的波士頓波奇包加上提把。
一邊製作拼布，同時修剪出圓弧。

作法P.60

04

六角形圖案波奇包

拼接淺色調的六角形圖案，刺繡後再進行壓線。
呈現細緻且立體的感覺。

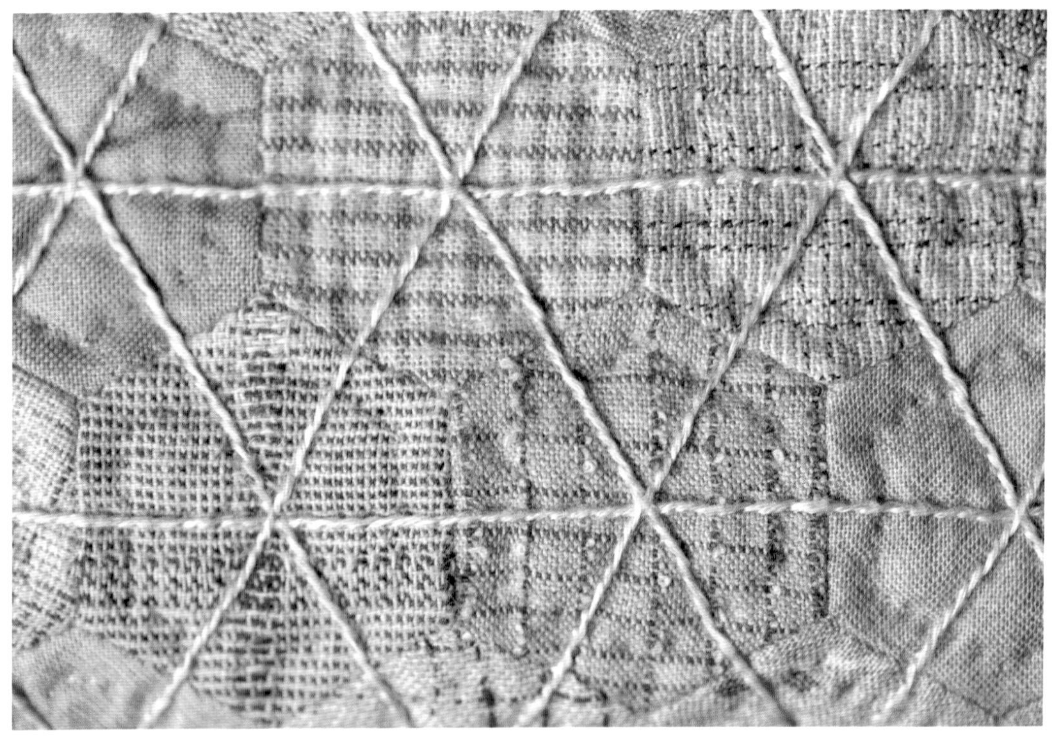

拼接作法 P.50

05

口金波奇包

拼接小巧的三角形與四角形布片。
製作大尺寸底部側身，呈現出分量感的可愛造型。

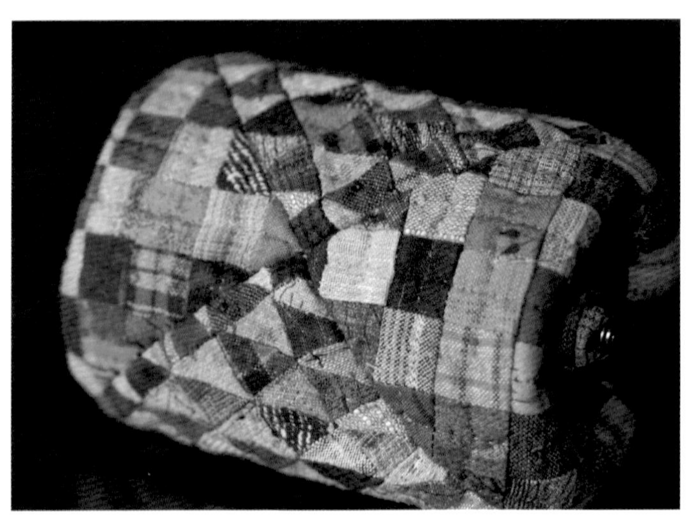

作法P.62

06

圓形波奇包

想製作出圓滾滾的形狀，拼接出圓形造型。
包包可放入各種物品。享受收納不同物品的樂趣。

作法P.64

07

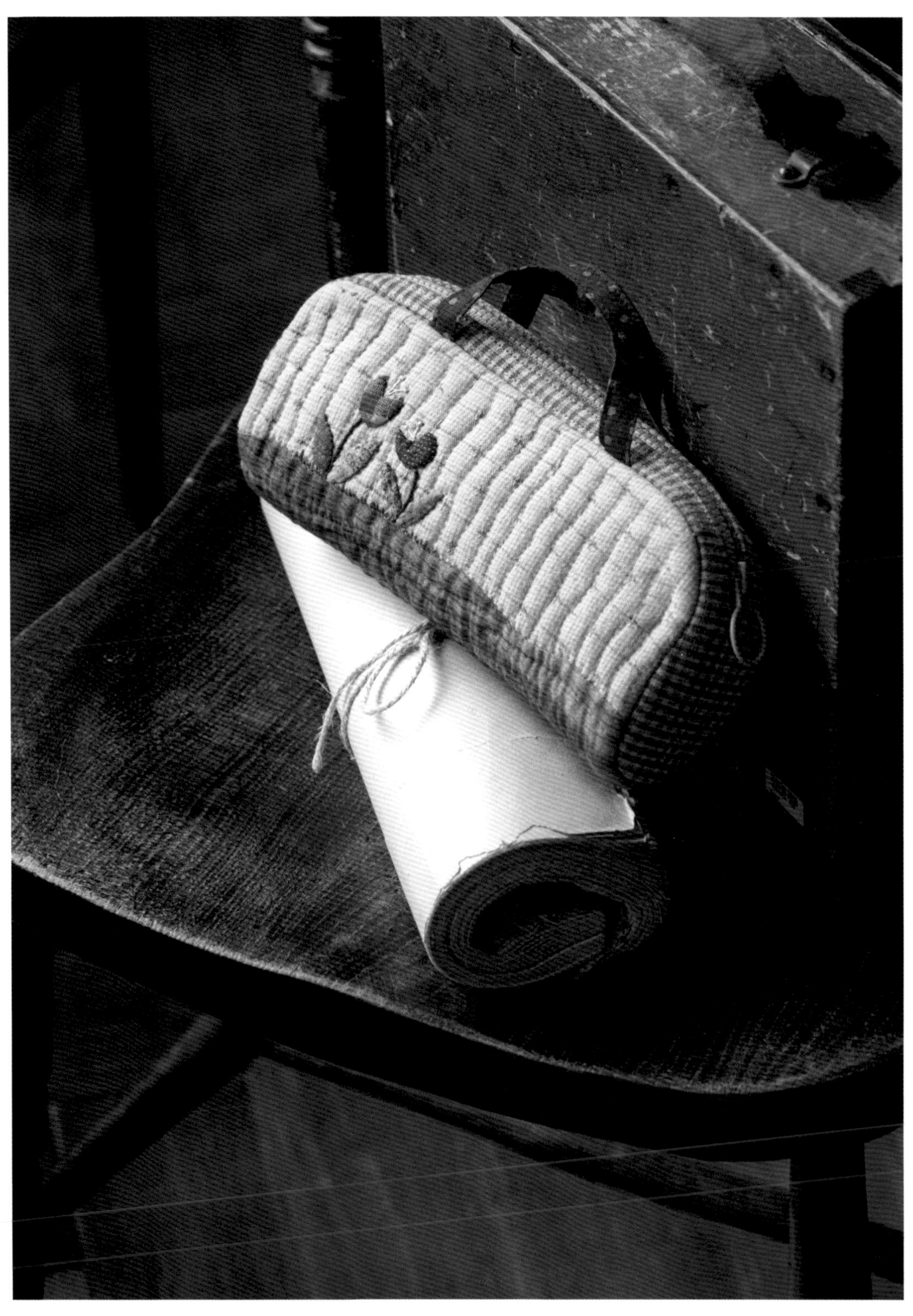

鬱金香波奇包

排成一列的鬱金香。
壓線線條如同自然風一般，
呈現沉靜悠閒的氛圍。

作法P.66

08

透明塑膠波奇包

為了讓完成的貼布縫內側呈現於正面，因而縫上塑膠布。
能夠看見包包內容物，使用時也別有一番樂趣。

作法P.68

09

枝葉造型束口袋

左右對稱展開的樹枝樹葉造型貼布縫。
使用葉子造型小物裝飾束口袋繩頭。

作法P.70

10

房屋造型小置物籃

星光閃爍的夜空下，相連成排的房屋。
安裝上便於室內容易提取移動的提把。

作法P.72

WILD ANIMALS

11/12

兔子情侶娃娃

男孩與女孩。只要改變身上的衣服，
就能變成彼此。
你是不是也想製作一對娃娃呢?

作法P.74

13/14

小雞的家・小狗的家

如同積木般造型的置物盒。
各自的屋頂都變成盒蓋了！

BLACK TEA
Earl
Grey
AHMAD TEA

作法P.76

15

藍蜻蜓墊巾

飛翔在幻想森林中的藍蜻蜓。
在26cm的空間中，
以貼布縫、刺繡、壓線創作美麗的圖案。

作法P.79

16

小物置物盒

使用拉鍊隔出袋蓋及袋身的小物置物盒。
以玻璃珠般的串珠作為提把。

作法P.80

17

作法P.82

Sale No.

零錢包

為了拿取方便，製作深度淺的錢包。
在與後側連成一體的袋蓋加上了磁釦。

18

針線包

方便隨身攜帶的尺寸，裝上口金，開口方便拿取。
內側再附上口袋。

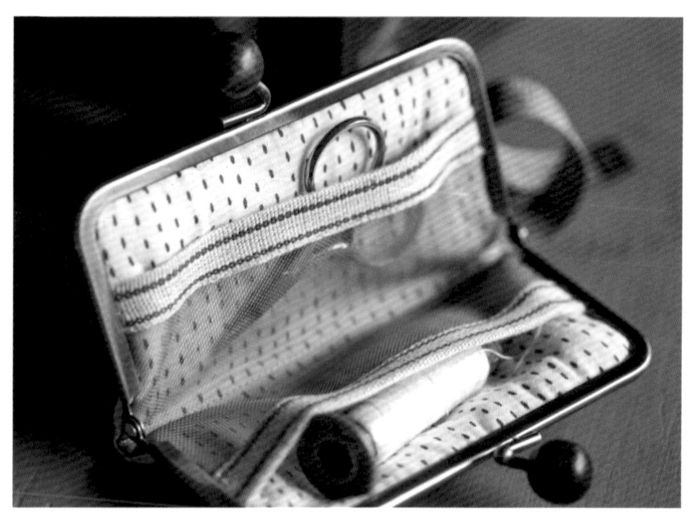

 作法P.83

19
PHILADEL
and CREAM CHEESE

西瓜造型針插

切片西瓜造型針插。
以鈕釦及串珠製作西瓜籽。

作法P.84

20

PARKING CHECK
4-772
PARKING CHECK
4-771

 作法P.86

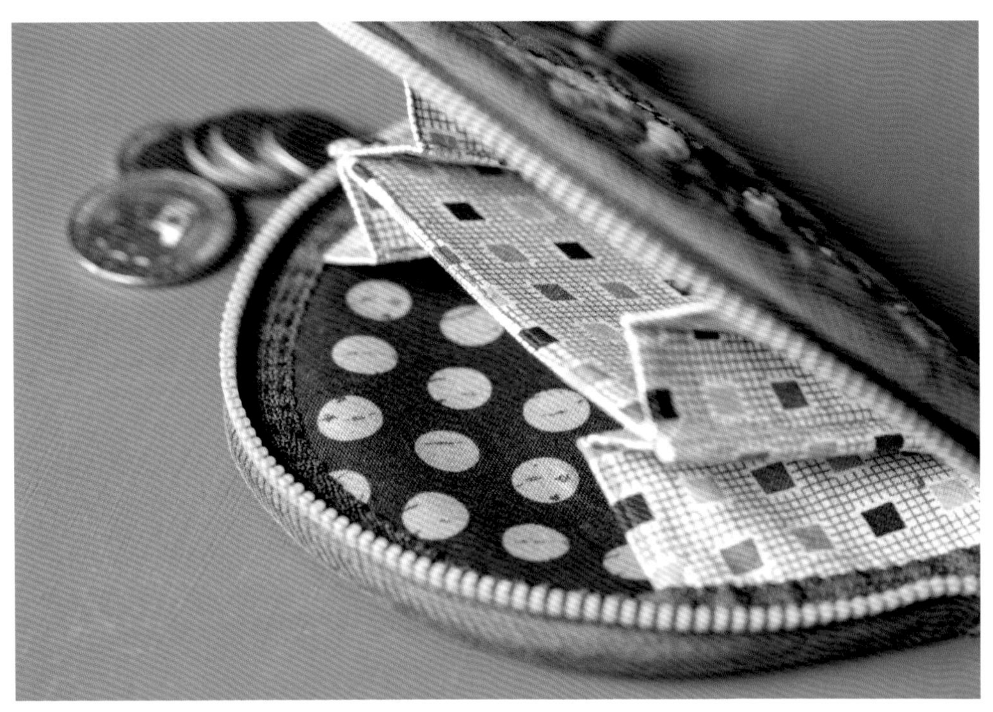

奇特昆蟲零錢包

擁有傻呼呼表情的可愛昆蟲，是幻想出來的生物。
可放入硬幣及少許紙鈔，輕巧且方便攜帶。

21

海洋插畫風隨身包

能放入最少量必備物品的斜背式包包。
加入海中生物的貼布縫與刺繡裝飾。

作法P.88

22

捲筒衛生紙盒

想像這樣的圖案造型，
放在房間會不會有衝突感，
完成後發現使用起來十分方便。

作法P.90

23

眼鏡袋

依眼鏡的形狀、製作出輕巧好收納的眼鏡袋。
搭配自己的眼鏡造型設計貼布縫圖案。

作法P.92

24

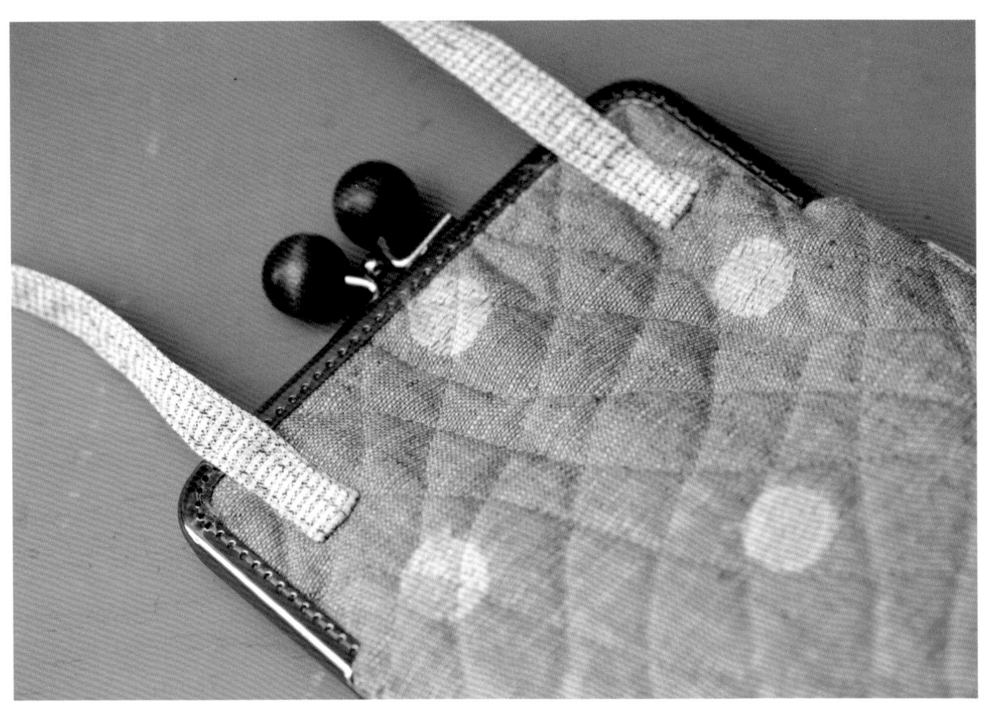

手機袋

可放入各種尺寸的物品，預留大空間的手機袋。
以貼布縫製作袋身。

作法P.94

25

保特瓶袋

攜帶保特瓶剛剛好的尺寸。
大空間的底部及側身，可垂直擺入的袋身設計。

作法P.96

26

SAMUEL

 作法P.98

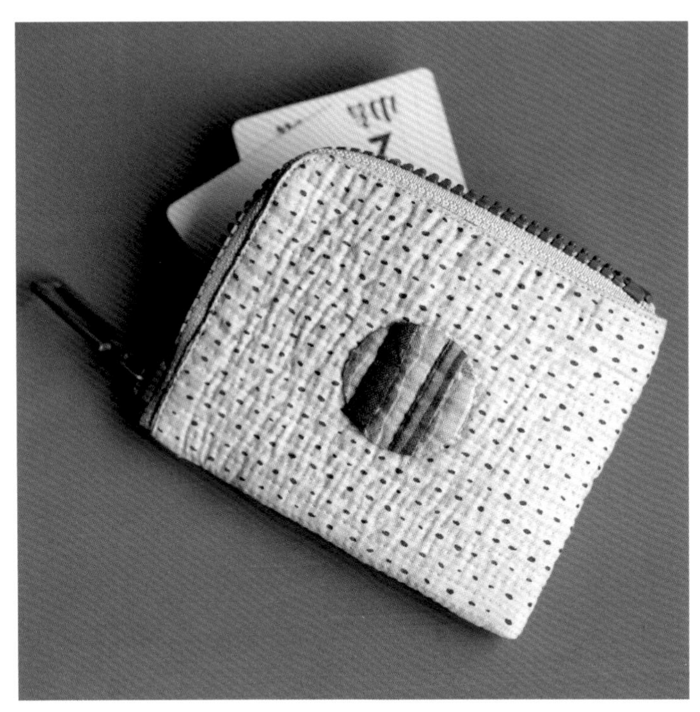

卡片夾

容易取出的L形拉鍊設計。
簡約的形狀是最好用的設計。

拼布基礎

製作拼布小物使用工具

介紹平常使用的工具
即使沒有備齊所有工具也沒關係，若全部都具備，使用上會更加方便。

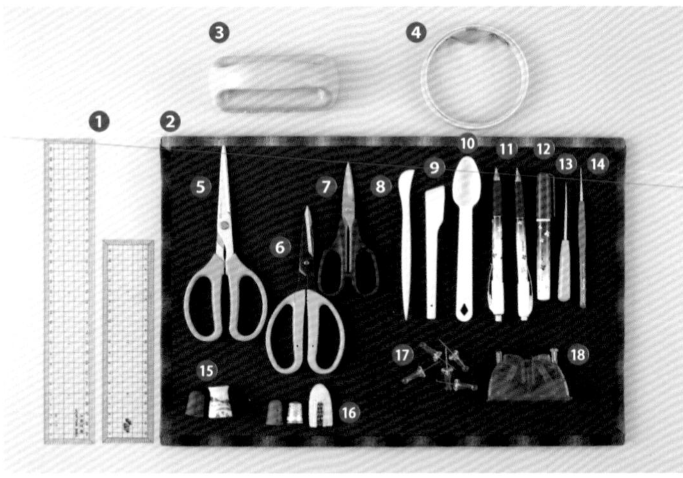

❶**量尺**　製圖或製作紙型時、在布上畫線時使用。拼布用的款式附方眼格或平行線，20~30cm是方便使用的尺寸。
❷**拼布燙板**　單面是砂紙及麂皮材質，背面是拼布專用熨斗燙板。
❸**布鎮**　使用於製作小型拼布及貼布縫。附把手的布鎮移動方便。
❹**刺繡框**　夾入刺繡布所使用的框。外側無螺絲，所以容易嵌入。
❺**裁布用剪刀**　專門用於裁布的剪刀。建議選用大握柄及輕巧的剪刀，手比較不容易累。
❻**裁紙用剪刀**　裁切紙型等專門用於裁紙的剪刀。建議選用大握柄、刀片薄的剪刀。
❼**裁線用剪刀**　專門用於裁線的剪刀。建議選用大握柄及輕巧的剪刀，手比較不容易累。
❽**貼布縫刮刀**　使用於貼布縫曲線部份的縫份倒向。適合使用在小尺寸的圓形圖案上。
❾**骨筆**　使用縫份倒向、緊壓摺線、打開摺線時的工具。不需要使用熨斗就能完成作業。
❿**湯匙**　假縫時的接針使用。塑膠製的有彈性，方便使用。
⓫**記號筆**　在布料上作記號的筆。白色系布使用黑色筆，黑色系布使用白色筆，比較容易辨別。
⓬**口紅膠**　代替珠針或假縫，暫時固定用。
⓭**錐子**　拆開縫線、拉出波奇包及包包邊角、車縫時，為了不讓布料滑動壓住使用。
⓮**極細錐子**　組裝細小零件時使用。
⓯**頂針（接針用）**　壓線時，接針往上壓使用。陶瓷頂針下方為了止滑，請加上橡膠頂針。
⓰**頂針**　壓線時壓針使用。橡膠頂針上方套入金屬製頂針，套入皮革製頂針有止滑作用。
⓱**圖釘**　假縫固定時，或放置在木板或榻榻米上固定時使用。
⓲**穿線器**　將針與線搭配成組，簡易穿線工具。

針（原寸）

依用途不同，分成不同種類的針使用。

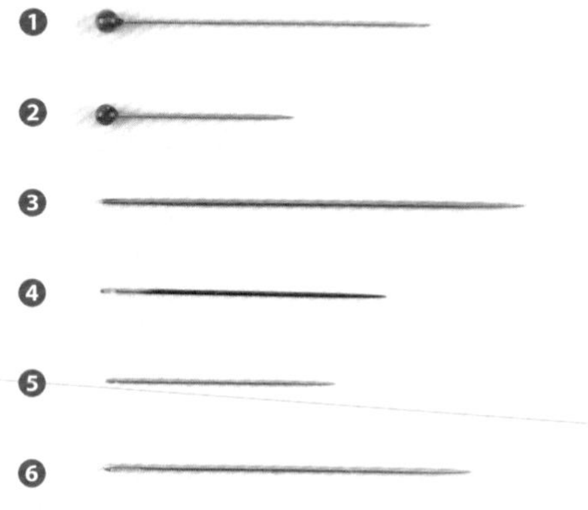

❶**珠針**　暫時固定布料時使用。
❷**貼布縫用珠針**　貼布縫用短珠針較為順手方便。
❸**假縫針**　假縫時使用長度長及粗徑的針。
❹**貼布縫針**　拼接及貼布縫時使用的細尖針。
❺**壓線針**　壓線時使用的短且柔軟有彈性的針。
❻**刺繡針**　刺繡時使用，會依使用的線徑粗細及條數分為不同尺寸。

關於鋪棉及布襯

平常在製作床罩等大型作品時會使用中厚度，製作白玉拼布等填充物時，會使用薄襯。波奇包等小尺寸作品因為面積小，若使用床罩留下的零碼布，會太厚。如要準備小尺寸作品用材料，成品不用太厚實也沒關係，大約使用薄~中的厚度就很足夠。依材料廠商不同，厚度及鋪棉的密度也會不同。試用看看幾款後，再找出喜歡的材料。

車縫時，使用附膠鋪棉。手縫時則不使用。波奇包的袋蓋等，特別想呈現厚實感的部位，貼上布襯。

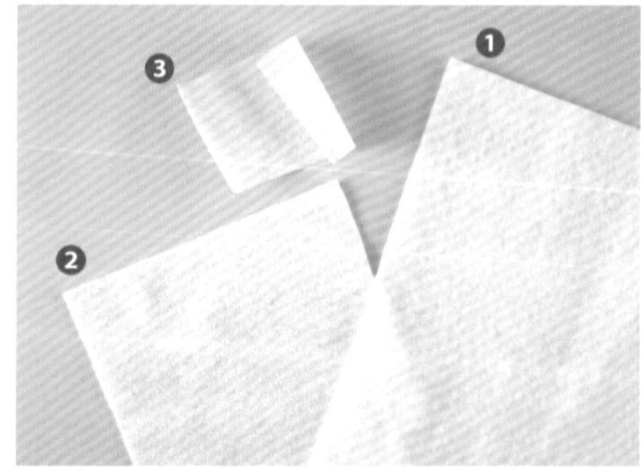

❶鋪棉　❷附膠鋪棉　❸布襯

製作小型作品的實用零件

除了實用性，也能成為作品的設計重點，介紹推薦的零件。

拉鍊

具有設計感的彩色拉鍊是重要零件。布帶及鍊齒也是如此，拉鍊頭也很講究，選擇方便使用的材料。個人喜歡尺寸大的拉鍊頭。

No.16 小物置物盒
P.30

圓筒形的小物置物盒，為了方便打開，特地使用了大尺寸拉鍊頭拉鍊。
搭配高雅色調的藍灰色。

自由拉鍊

1條拉鍊就能調整自己喜歡的長度，便利好用的拉鍊。使用2條不同顏色也OK。拉鍊頭也可以自己選擇，思考如何配色也很有趣。

No.20 奇特昆蟲零錢包
P.36

使用1條自由拉鍊，縫合袋口一圈，在拉鍊的圓圈位置止縫。

口金

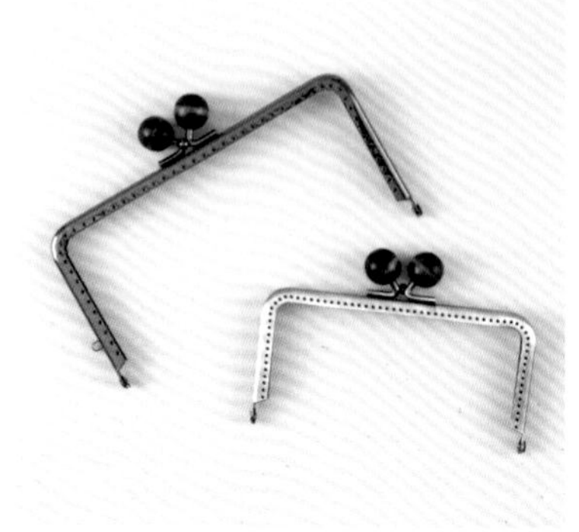

ㄇ字形口金有許多不同種類，找找自己喜歡的設計吧！尺寸多樣，可搭配口金調整。

No.24 手機袋
P.42（左）
No.18 針線包 P.34（右）

兩個都是相同尺寸的口金，使用不同顏色的款式。

磁釦

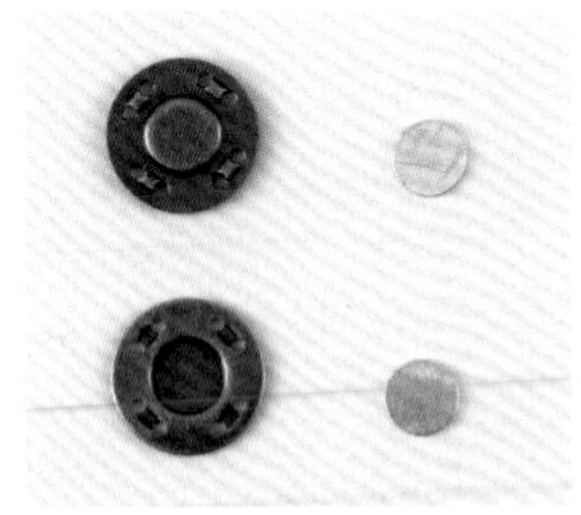

關閉袋口及袋蓋時，方便的磁釦。與拉鍊不同，最後能加在外側是優點。左邊是普通尺寸，右邊是No.17作品使用的小尺寸鈕釦。

No.17 零錢包
P.32

磁釦以布料包住後縫合。選擇與底布相近的顏色，不同材質也不會太顯眼。

雞眼釦

本來是安裝在穿包包提把時使用，此次使用在捲筒衛生紙盒的開口處。

No.22 捲筒衛生紙盒
P.40

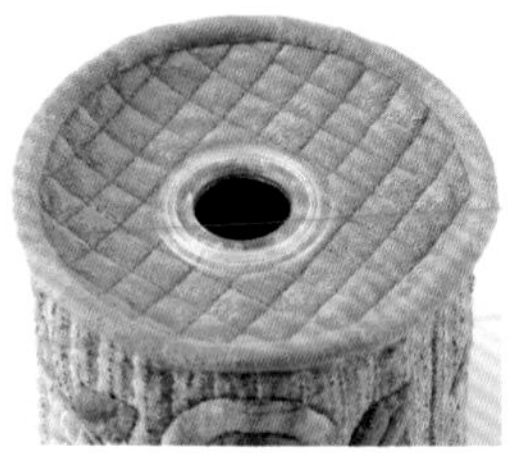

使用不顯眼、透明的雞眼釦。安裝處開洞，只要以手扣入，就能簡單完成。

組合波奇包

小尺寸作品也有布片零件，掌握訣竅就能組合成美麗的作品。
在此以No.4作品的組合方法為中心介紹說明。

04

作品P.12　原寸紙型 P.56

六角形圖案波奇包

材料

拼接用布．貼布縫用布…使用零碼布適量、釦絆用布…15x15cm（含包釦）、裡布50x25cm（含隔間布）、鋪棉40x25cm、長15cm拉鍊、縫份處理用斜紋布2.5x60cm、磁釦1個、布襯8x8cm、25號繡線原色適量、蠟線適量

刺繡方法

●8字結粒繡

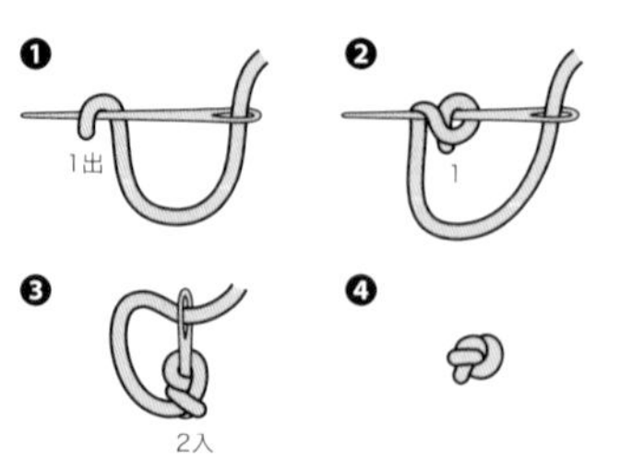
❶
1出
❷
1
❸
2入
❹

●輪廓繡

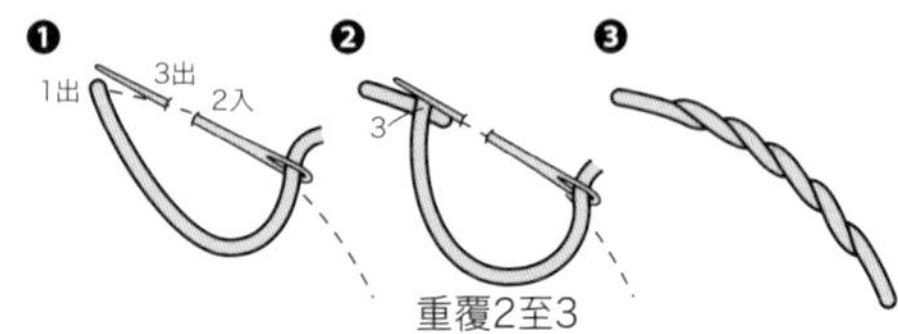
❶
1出
3出
2入
❷
3
重覆2至3
❸

配置圖

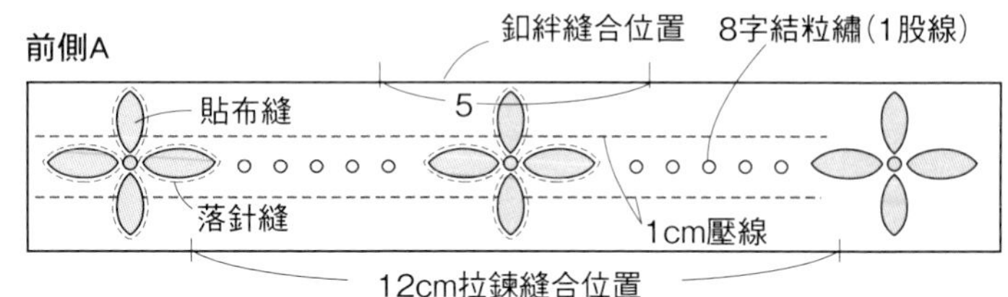
前側A
釦絆縫合位置
8字結粒繡(1股線)
5
貼布縫
3
落針縫
1cm壓線
12cm拉鍊縫合位置
18

前側B(與隔間布相同尺寸)

輪廓繡(2股線)

拉鍊縫合位置

7

1.6

0.3壓線

18

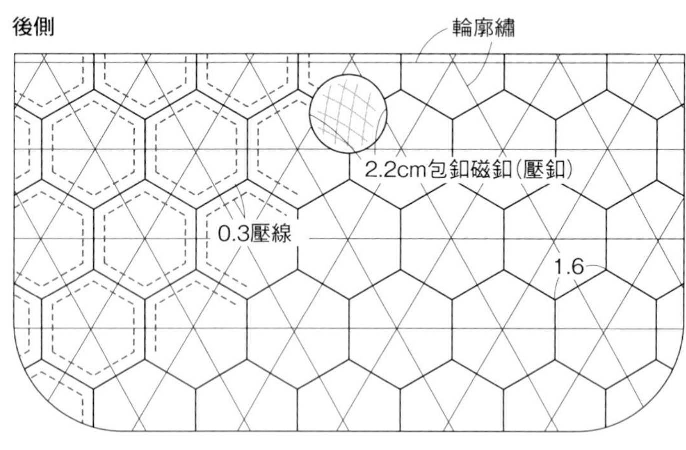
後側
輪廓繡
2.2cm包釦磁釦(壓釦)
0.3壓線
10
1.6

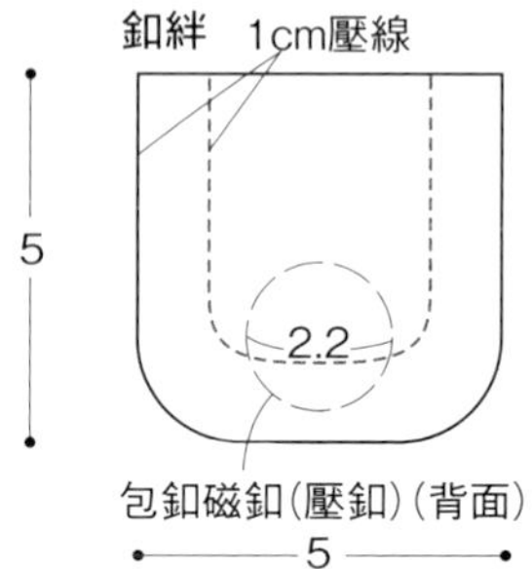
釦絆
1cm壓線
5
2.2
包釦磁釦(壓釦)(背面)
5

布料準備

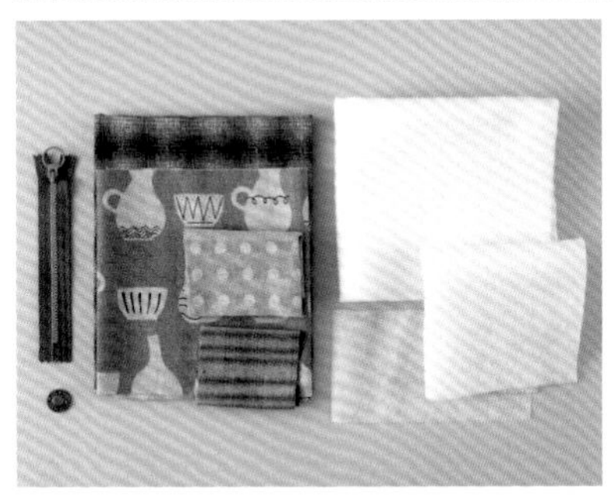

1 準備材料。因為不列入拼布及刺繡，故準備不需拼接及貼布縫的布料。備好容易入手的15cm拉鍊。對齊拉鍊口，裁剪。

2 裁剪各布片的布料。實際的作品是本體前片及本體後片拼接成六角形。

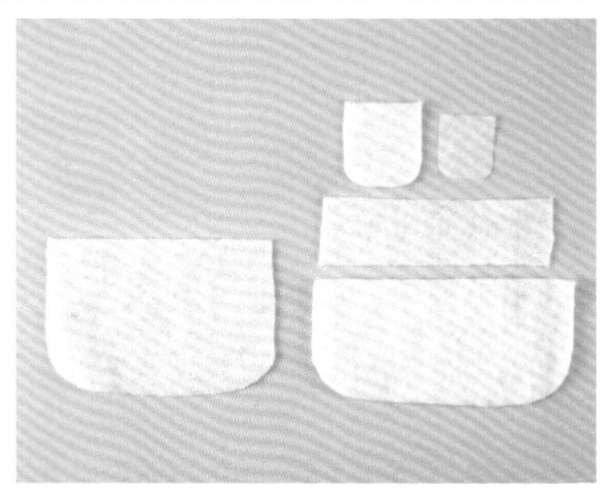

3 準備鋪棉及布襯。車縫布片不使用鋪棉，使用附膠鋪棉。若採車縫，使用附膠鋪棉；手縫壓線時，則使用鋪棉。

製作本體前片 ※圖中使用顯色的紅色線，方便說明。

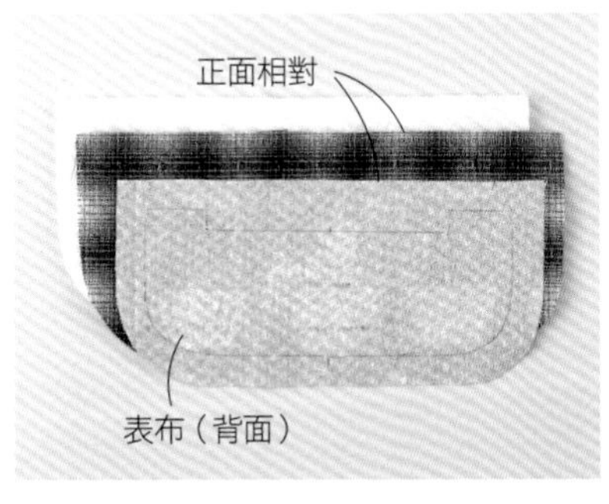
正面相對
表布（背面）

4 依照鋪棉、裡布、表布（B）的順序重疊。裡布與表布正面相對。No.04的作品，先進行拼接再刺繡，最後製作表布。

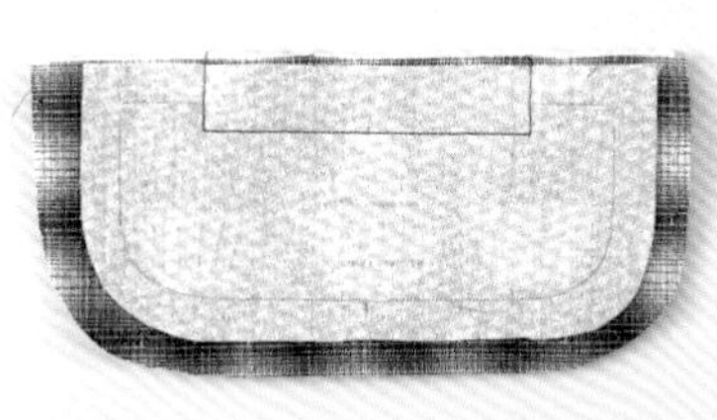

5 在安裝拉鍊位置車縫拉鍊。如圖所示，始縫及止縫處縫合裁剪至記號外側。

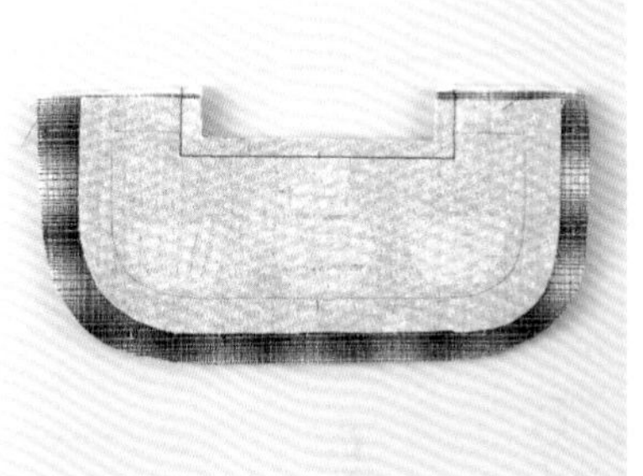

6 步驟5在縫合時，預留縫份約0.7cm，裁剪多餘部分。

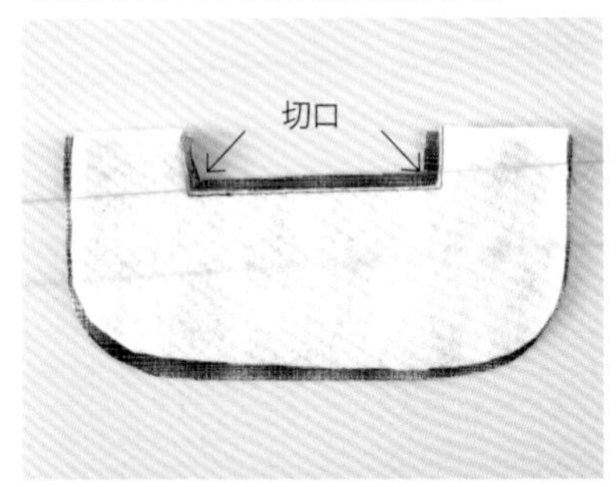
切口

7 從相反側只裁剪鋪棉，及縫線邊緣。裡布與表布的邊角縫份開切口。

8 表布翻回正面，整平拉鍊口。

9 假縫後進行壓線。圖中使用車縫進行假縫。No.04的作品是手縫壓線。

12

10 準備長15cm的拉鍊，在拉鍊口位置加上對齊記號。
自拉鍊頭起算0.5cm處位於拉鍊頭的左邊，拉鍊口的寬12cm處作記號。

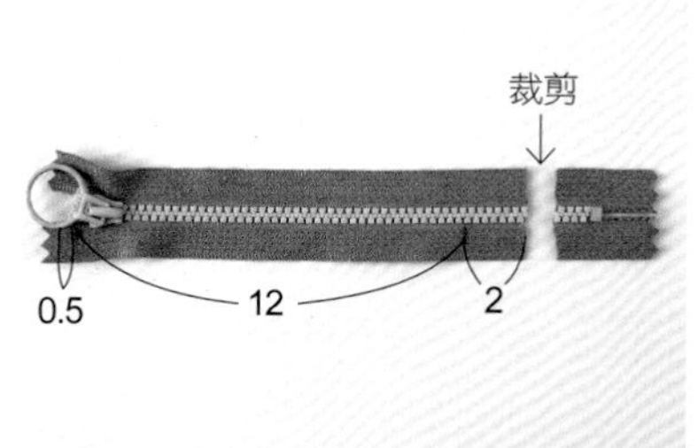
裁剪
0.5
12
2

11 從12cm處作記號的位置預留2cm，裁剪拉鍊。

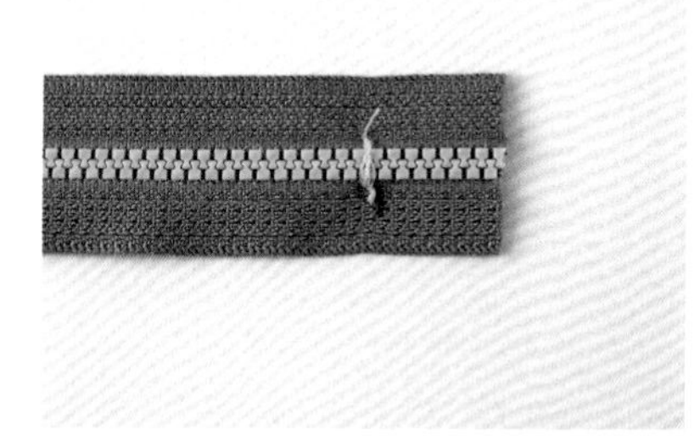

12 作記號處先以線縫合固定。（原本是使用與鍊齒同色，顏色不鮮明的線）

縫合

13 拉鍊與本體對齊後進行車縫。

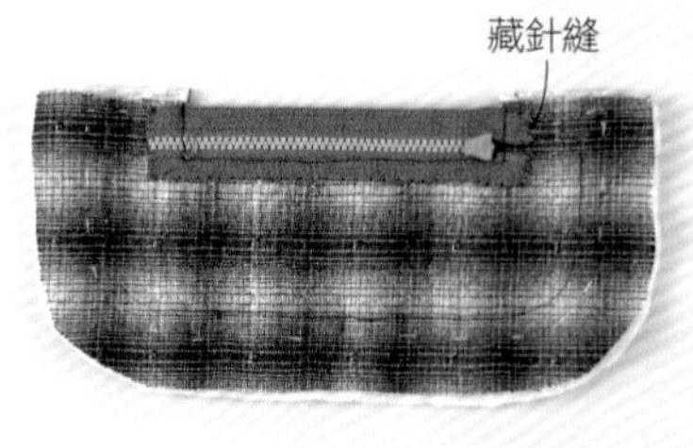
藏針縫

14 拉鍊布襯以藏針縫縫合固定於裡布。

15 加上隔間布。

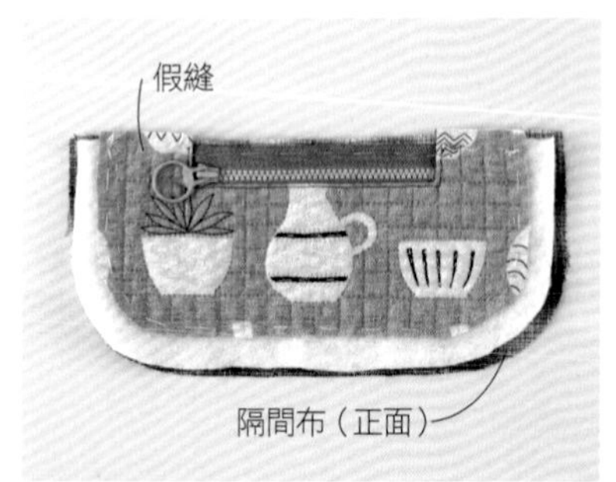
假縫
隔間布（正面）

16 重疊本體前片與隔間布，周圍假縫，暫時固定。

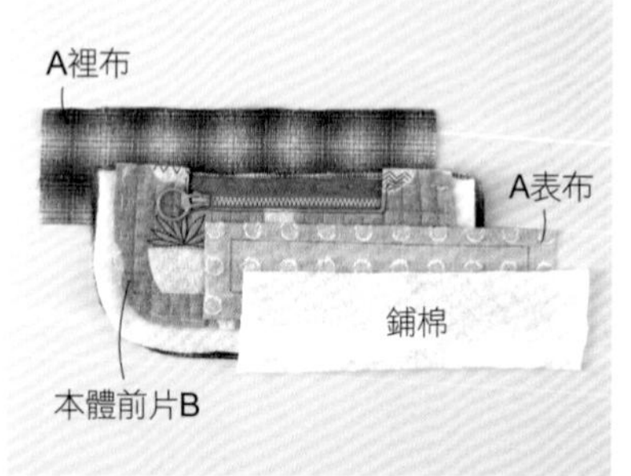
A裡布
A表布
鋪棉
本體前片B

17 使用本體前片A的表布與鋪棉、裡布夾入B，正面相對疊合。

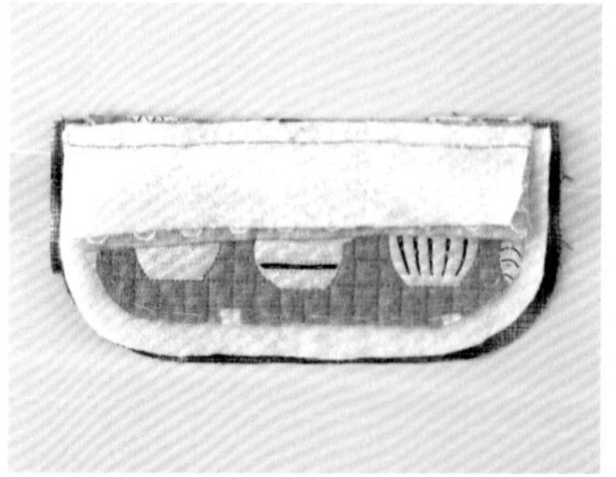

18 車縫。

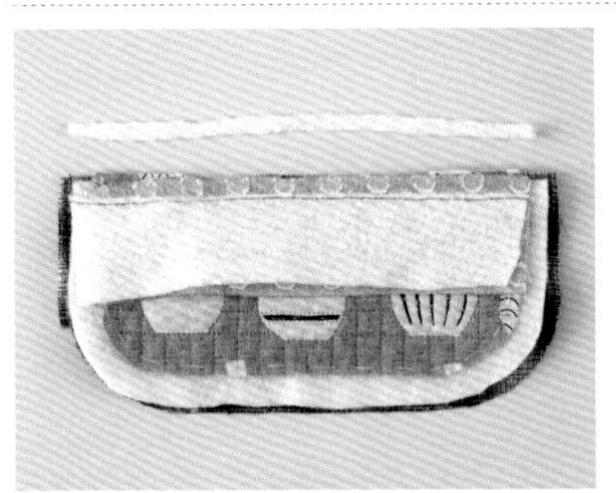

19 只有鋪棉，裁剪縫線邊緣。

邊端車縫

20 立起A，翻回正面，邊端車縫。

1

21 A進行壓線。在此車縫寬1cm的直線壓線。

製作本體後片

22 重疊本體後片的表布、鋪棉、裡布，壓線圖中是以車縫製作格子圖案壓線。

製作包釦

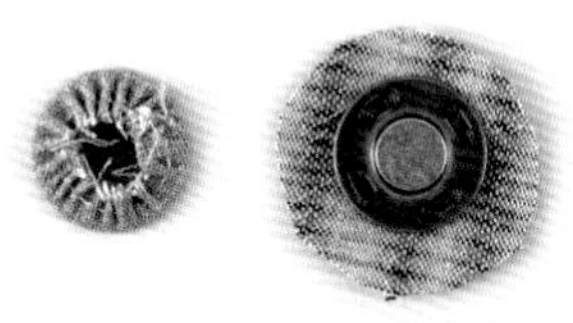

23 準備磁釦及包釦用布，包釦用布周圍進行平針縫，將磁釦包住。

製作釦絆

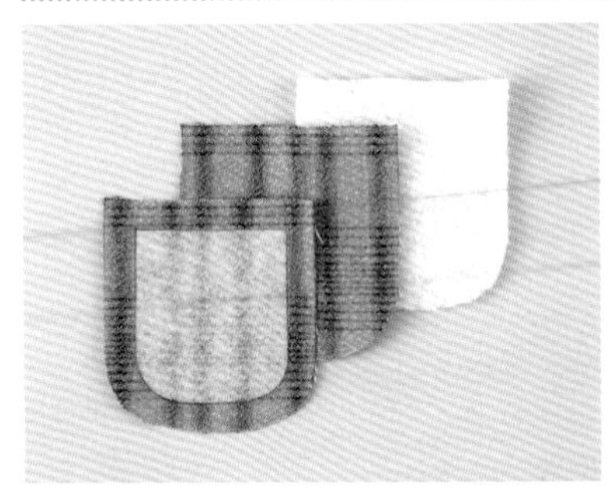

24 釦絆的表布、裡布、鋪棉裡布的背面貼上布襯。

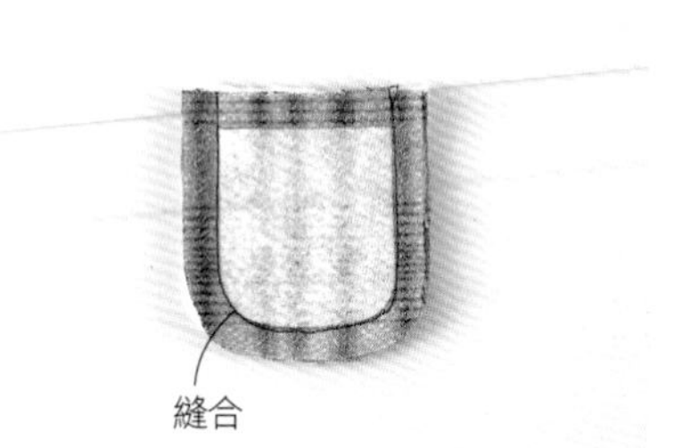
縫合

25 正面相對重疊後，縫合周圍。

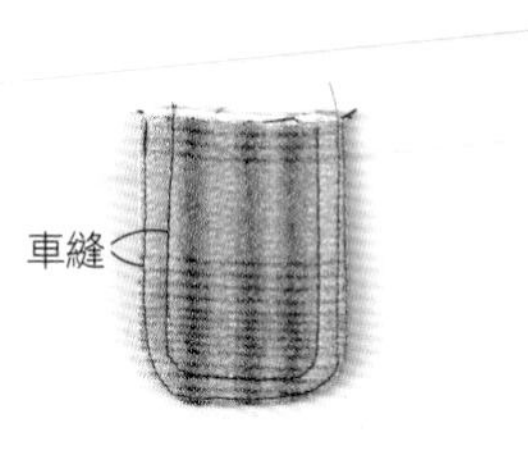
車縫

26 縫線邊緣處裁剪多餘的鋪棉，翻回正面從上方車縫壓合。

對齊本體前片＆後片

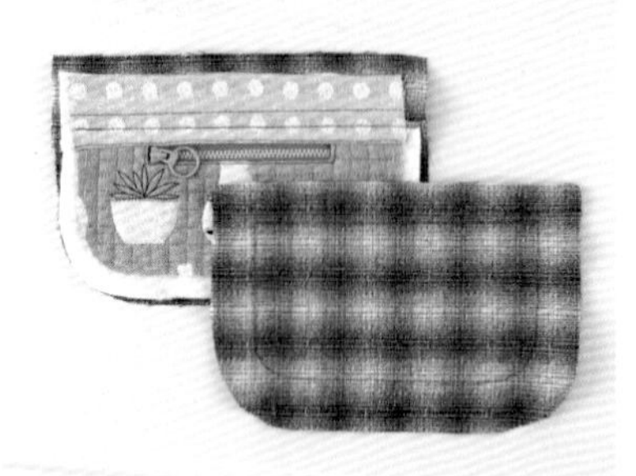

27 本體前片與後片正面相對。

本體前片（背面）

28 以假縫暫時固定，進行車縫。

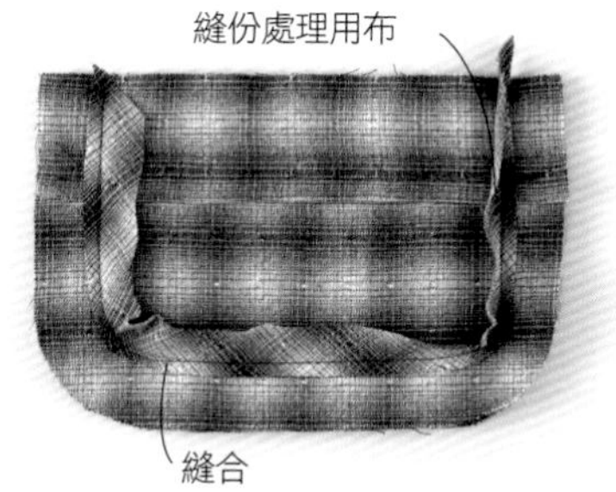
縫份處理用布
縫合

29 從本體前片開始對齊縫份處理用布，縫合周圍。

30 裁剪多餘縫份。

本體後片

31 包住縫份，本體後片進行藏針縫，前片有隔間布，所以往後片倒向。

加上釦絆，收尾完成

中心

32 本體翻回正面，中心作記號釦絆對齊中心，以珠針暫時固定。

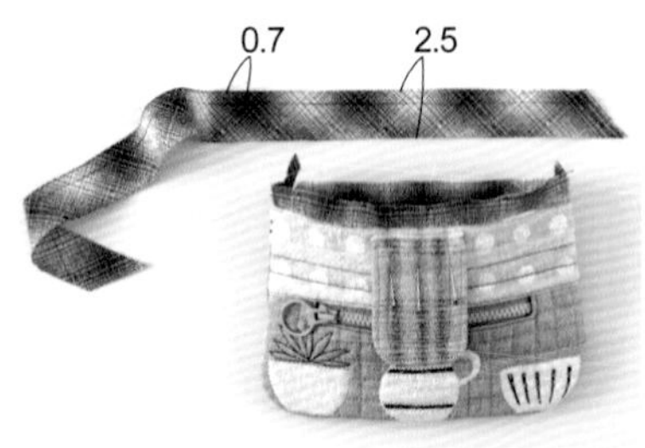
0.7
2.5

33 從重疊釦絆的上方，袋口加上縫份處理用布。

34 為了不讓布料錯位，使用假縫，暫時固定後，再車縫袋口。

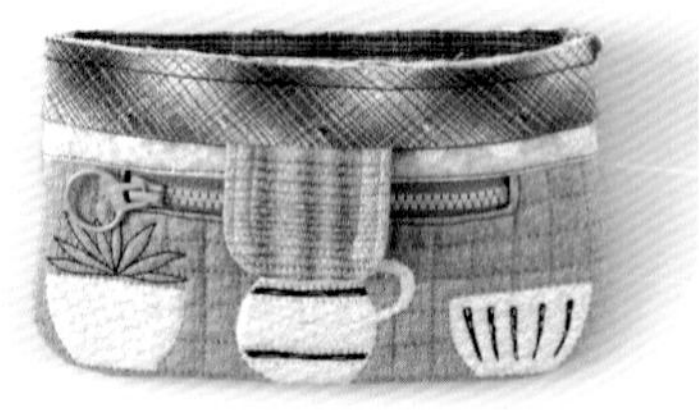

35 對齊斜紋布的邊緣，多餘的縫份裁剪0.7cm。

36 包住縫份後，裡布側進行藏針縫。

37 釦絆上以藏針縫固定包釦。

38 完成！

實際作品如圖所示

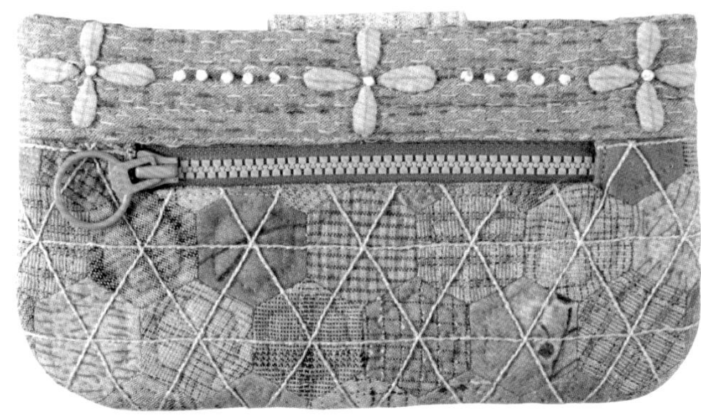

前片

後片

Yoko's Voice

製作小尺寸作品的建議

在製作小尺寸作品時，一邊設計，同時也思考如何組合。縫份的處理方法及拉鍊等零件安裝方法，為了能美麗且有效率組合，一邊構思設計作品。從以前到現在許多的失敗及經驗，對我如何作出判斷有幫助。「那個時候用了這個方法，製作出漂亮的作品」「這個作法可能會不順利」至今作了許多小尺寸作品及包包。若在腦海中有許多抽屜，可以依不同情況來判斷呢！

若還是感到困惑，就先縫出形狀吧！會有順利的時候，也有需要重新製作的時候，作品製作沒有捷徑，試著不斷地縫製，讓自己的身體記住手的感覺吧！

No. 04 原寸紙型

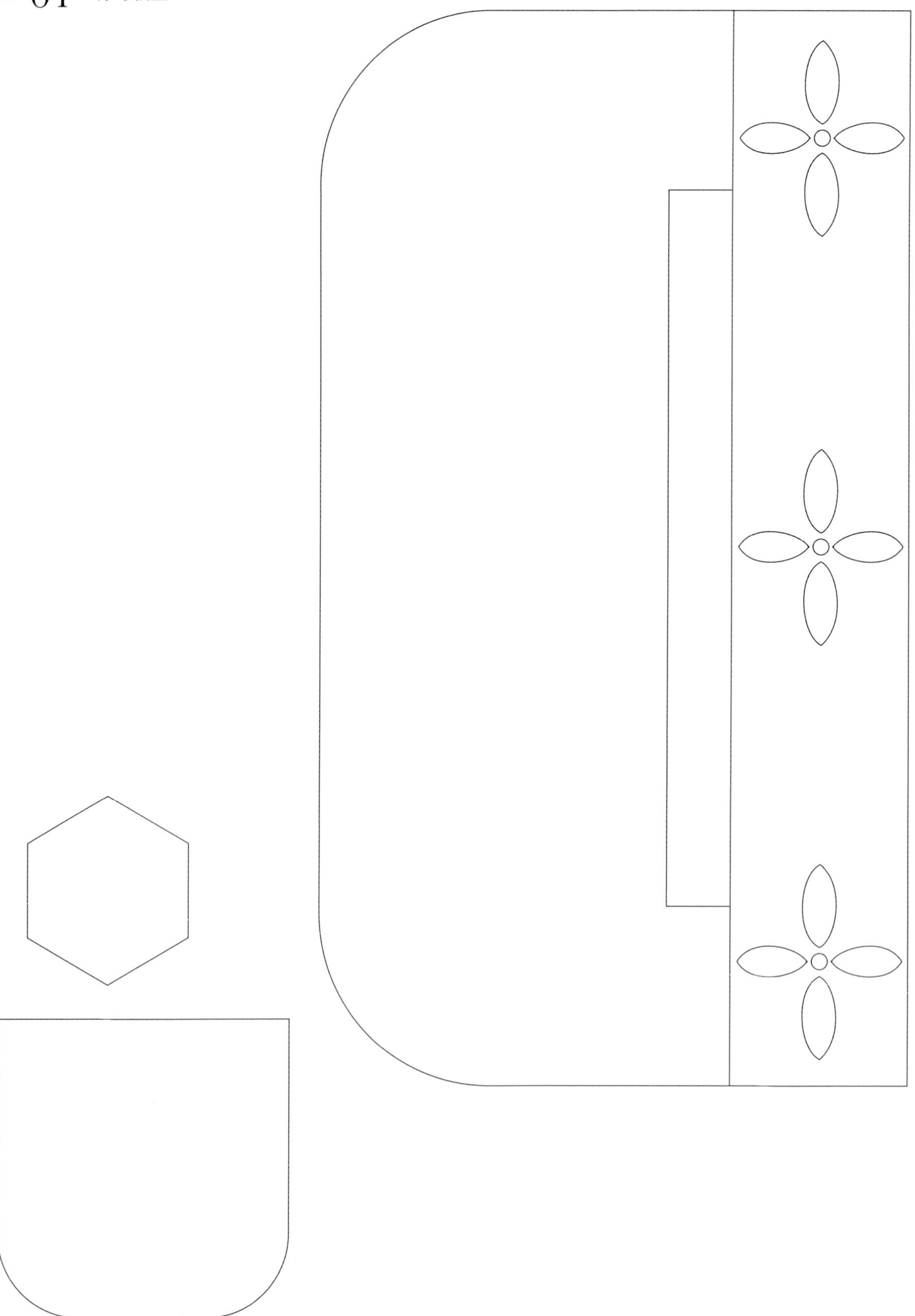

作法

HOW TO MAKE

●圖中的尺寸單位皆為cm。

●作法圖示及紙型皆不含縫份。

未指定直接裁剪時(含縫份或不需要)。

拼接縫份皆為0.7cm，貼布縫預留0.3cm，再裁剪布料。

●作品完成尺寸標示於製圖圖面尺寸。

因縫線或壓線，可能會有尺寸改變的情況發生。

●壓線後，若比成品尺寸大，會有布料伸縮的情形。

完成壓線後再次確認尺寸，再進行下一個步驟。

●拼接或部分壓線採車縫製作；亦可以手縫完成。

01

作品 P.6　原寸紙型 P.99

波奇包

材料

底布…30×15cm 貼布縫用布…白色素色15×15cm 釦絆…4.5×4.5cm，裡布·鋪棉各35×15cm，包邊用斜紋布2.5×15cm
長20cm拉鍊1條，寬1cm D形環1個
25號繡線各色 適量

作法

1 底布進行貼布縫、刺繡後，製作本體表布。
2 本體表布重疊裡布及鋪棉後，縫合袋口，進行壓線。
3 加裝拉鍊，縫合底部，縫份以裡布包住後進行藏針縫。
4 縫合側身。
5 釦絆夾入本體後縫合，以縫份用斜紋布處理縫份。

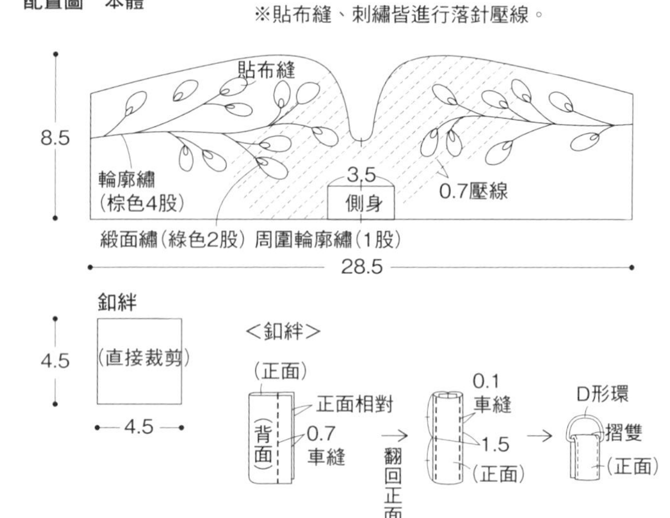

配置圖　本體
※貼布縫、刺繡皆進行落針壓線。
貼布縫
8.5
輪廓繡
(棕色4股)
3.5
側身
0.7壓線
緞面繡(綠色2股) 周圍輪廓繡(1股)
28.5
釦絆
4.5
(直接裁剪)
4.5
<釦絆>
(正面)
正面相對
(背面)
0.7
車縫
翻回正面
0.1
車縫
1.5
(正面)
D形環
摺雙
(正面)

拼接方法

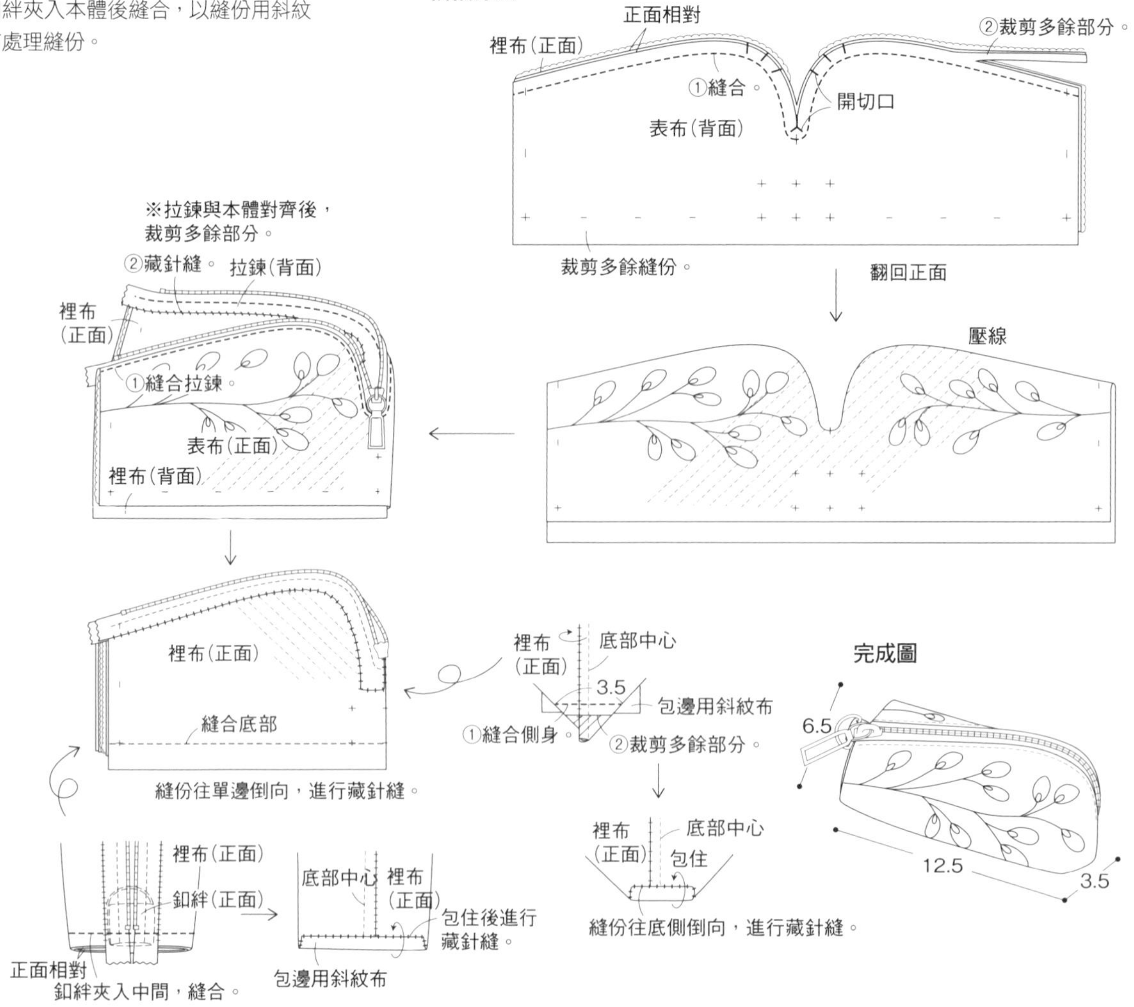

正面相對
裡布(正面)
②裁剪多餘部分。
①縫合。
開切口
表布(背面)
裁剪多餘縫份。
翻回正面
壓線

※拉鍊與本體對齊後，裁剪多餘部分。
②藏針縫。
拉鍊(背面)
裡布(正面)
①縫合拉鍊。
表布(正面)
裡布(背面)

裡布(正面)
縫合底部
縫份往單邊倒向，進行藏針縫。

裡布(正面)
底部中心
3.5
包邊用斜紋布
①縫合側身。
②裁剪多餘部分。

裡布(正面)
底部中心
包住
縫份往底側倒向，進行藏針縫。

完成圖
6.5
12.5
3.5

裡布(正面)
釦絆(正面)
正面相對
釦絆夾入中間，縫合。
底部中心
裡布(正面)
包住後進行藏針縫。
包邊用斜紋布

02

作品 P.8　原寸紙型 P.100

青鳥波奇包

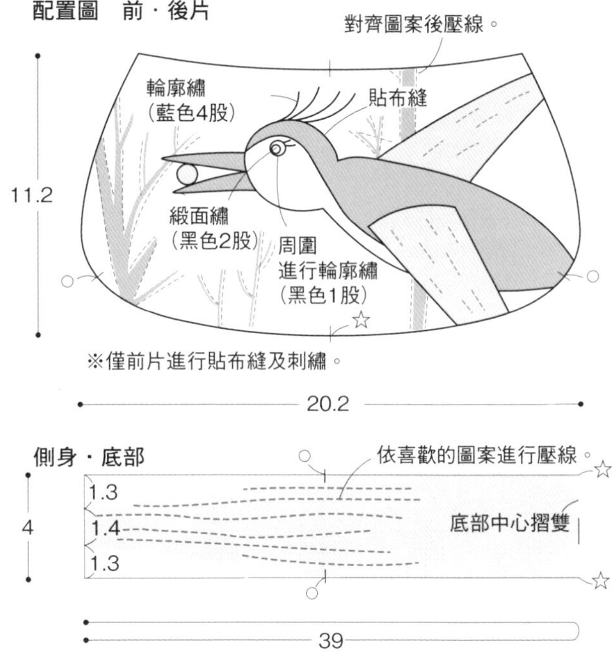

配置圖　前・後片
對齊圖案後壓線。
輪廓繡
(藍色4股)
貼布縫
11.2
緞面繡
(黑色2股)
周圍
進行輪廓繡
(黑色1股)
※僅前片進行貼布縫及刺繡。
20.2
側身・底部
依喜歡的圖案進行壓線。
1.3
4
1.4
1.3
底部中心摺雙
39

材料

底布…印花布35×25cm　貼布縫用布…使用零碼布，側身・底布…先染格紋布50×20cm，裡布・鋪棉各50×40cm，附膠薄鋪棉　45×50cm，斜紋布3.5×40cm，長15cm拉鍊1條，25號繡線各色適量

作法

1 底布進行貼布縫、刺繡，製作前片表布。
2 前・後片表布、側身・底部表布各自重疊鋪棉及裡布後，進行壓線。側身・底部裡布縫份多預留空間裁剪。
3 前・後片與側身・底部正面相對後縫合，以縫份多預留空間的裡布包邊處理。
4 以滾邊方式安裝袋口。

<側身・底部>

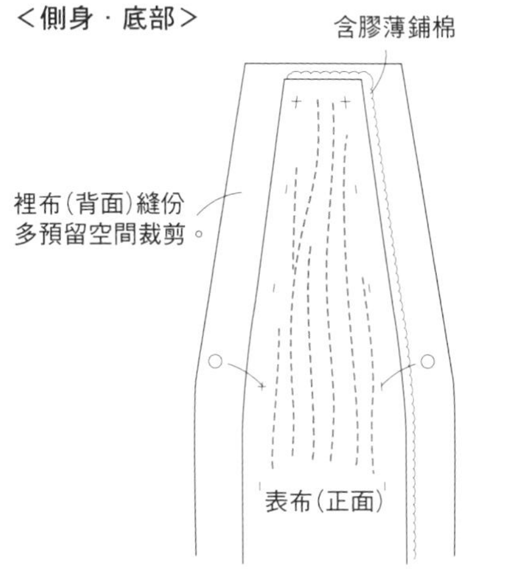

含膠薄鋪棉
裡布(背面)縫份多預留空間裁剪。
表布(正面)

<拼接方法>

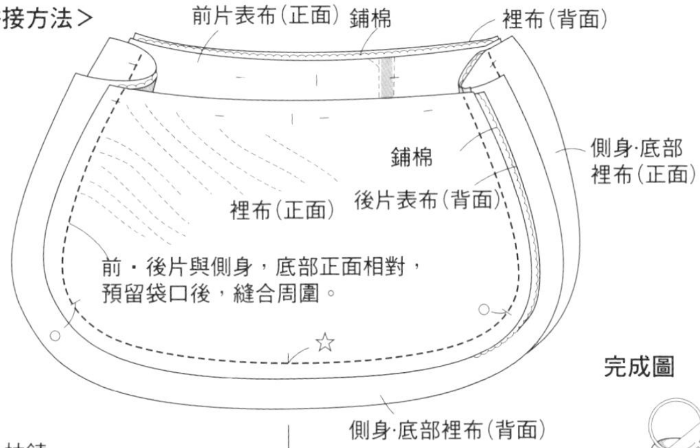

前片表布(正面)
鋪棉
裡布(背面)
鋪棉
側身·底部裡布(正面)
後片表布(背面)
裡布(正面)
前・後片與側身，底部正面相對，預留袋口後，縫合周圍。
側身·底部裡布(背面)

加上拉鍊

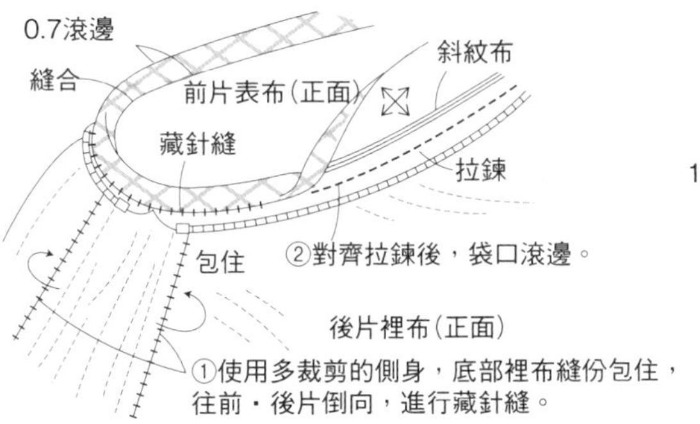

0.7滾邊
縫合
前片表布(正面)
斜紋布
藏針縫
拉鍊
包住
②對齊拉鍊後，袋口滾邊。
後片裡布(正面)
①使用多裁剪的側身，底部裡布縫份包住，往前・後片倒向，進行藏針縫。

完成圖

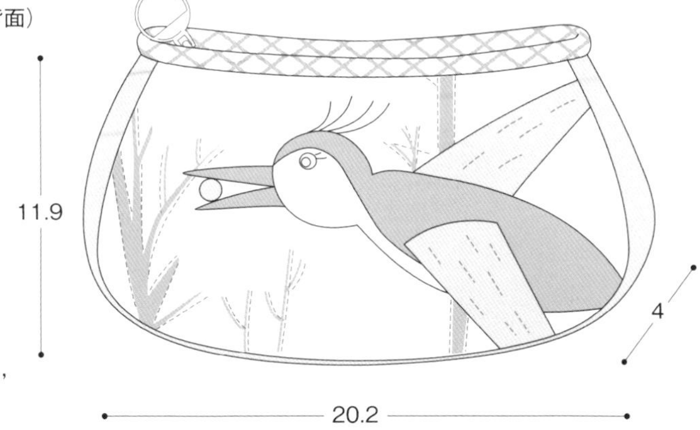

11.9
4
20.2

03

作品 P.10

附提把波奇包

材料

拼接用布…使用零碼布（包含提把·釦絆），側身2種·後片…格紋 50× 20cm，裡布、鋪棉各50×40cm，長18cm拉鍊1條，包邊用斜紋布2.5×100cm

布襯適量

作法

1 拼接，製作前片表布。

2 1重疊鋪棉及裡布後壓線，加上縫份後裁剪。

3 後片表布重疊鋪棉及裡布後壓線。

4 拉鍊側身夾入拉鍊後縫合，兩邊暫時固定釦絆。

5 底部側身表布、鋪棉、裡布夾入4縫合，翻回正面後壓線。

6 前·後片暫時固定提把，與5正面相對，對齊記號後縫合，縫份以斜紋布滾邊處理。

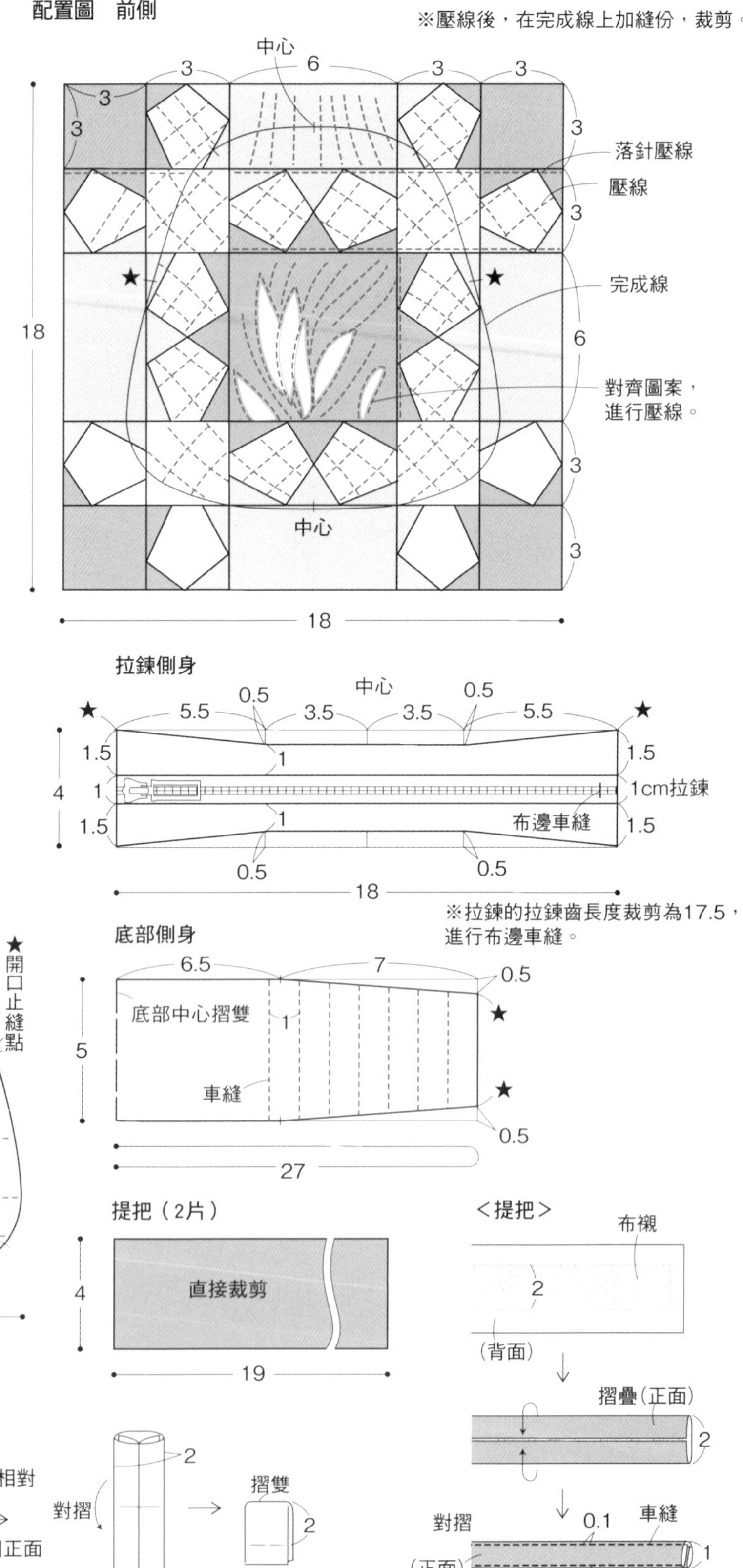

配置圖　前側
※壓線後，在完成線上加縫份，裁剪。
中心
6
3
3
3
3
3
3
落針壓線
壓線
3
★
★
完成線
18
6
對齊圖案，
進行壓線。
3
中心
3
18
拉鍊側身
中心
0.5
0.5
★
5.5
3.5
3.5
5.5
★
1.5
1
1.5
4
1
1cm拉鍊
1.5
1
布邊車縫
1.5
0.5
0.5
18
※拉鍊的拉鍊齒長度裁剪為17.5，
進行布邊車縫。
底部側身
6.5
7
0.5
底部中心摺雙
1
★
5
車縫
★
0.5
27
提把（2片）
4
直接裁剪
19
<提把>
布襯
2
(背面)
摺疊(正面)
2
對摺
0.1
車縫
(正面)
1
0.1
後片
中心
提把位置
★
開口止縫點
★
開口止縫點
1.5
1.5
13.5
1
1.5
2
2.5
2.5
車縫
中心
13.5
釦絆
6
直接裁剪
6
<釦絆>
1
正面相對
摺雙
(背面)
翻回正面
對摺
2
摺雙
2

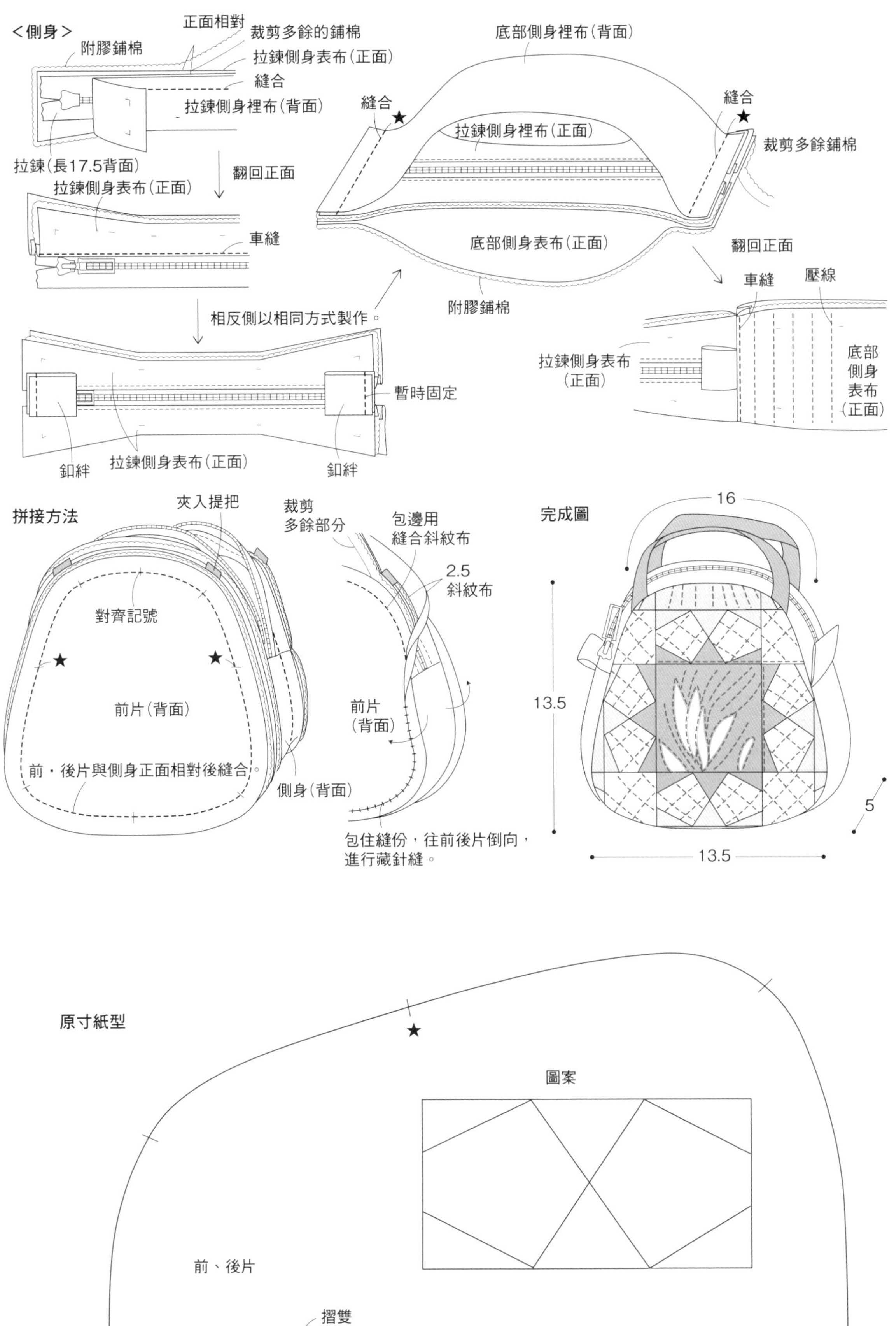

<側身>
正面相對
裁剪多餘的鋪棉
附膠鋪棉
拉鍊側身表布(正面)
縫合
拉鍊側身裡布(背面)
拉鍊(長17.5背面)
翻回正面
拉鍊側身表布(正面)
車縫
相反側以相同方式製作。
暫時固定
釦絆
拉鍊側身表布(正面)
釦絆
底部側身裡布(背面)
縫合
縫合
拉鍊側身裡布(正面)
裁剪多餘鋪棉
底部側身表布(正面)
附膠鋪棉
翻回正面
車縫
壓線
拉鍊側身表布(正面)
底部側身表布(正面)
拼接方法
夾入提把
對齊記號
前片(背面)
前・後片與側身正面相對後縫合。
側身(背面)
裁剪多餘部分
包邊用縫合斜紋布
2.5斜紋布
前片(背面)
包住縫份，往前後片倒向，進行藏針縫。
完成圖
16
13.5
5
13.5
原寸紙型
圖案
前、後片
摺雙

05

作品 P.14　　原寸紙型 P.99

口金波奇包

材料

拼接用布…使用零碼布，裡布、鋪棉各40×40cm，寬12×6cm附旋鈕口金1個

作法

1 完成拼接，製作本體表布2片及側身表布2片。
2 本體表布各自與裡布正面相對，重疊鋪棉後，預留返口縫合。
3 2翻回正面後進行壓線。相同方式製作側身。
4 本體與側身進行捲針縫及ㄇ字形藏針縫，圍成圓。
5 本體加上口金。

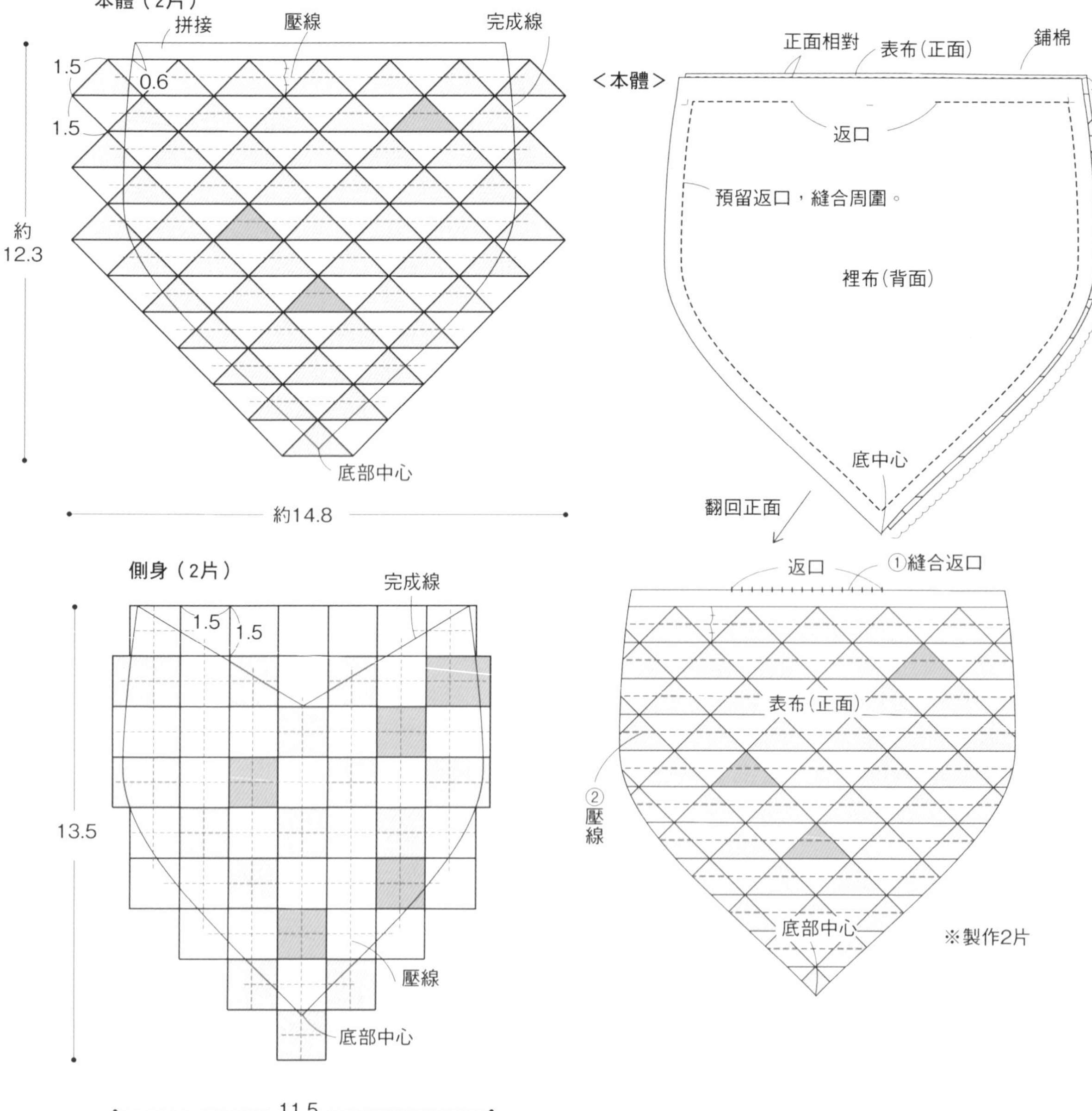

配置圖
本體（2片）
拼接
壓線
完成線
1.5
0.6
1.5
約12.3
底部中心
約14.8
側身（2片）
完成線
1.5
1.5
13.5
壓線
底部中心
11.5
<本體>
正面相對
表布（正面）
鋪棉
返口
預留返口，縫合周圍。
裡布（背面）
底中心
翻回正面
返口
①縫合返口
表布（正面）
②壓線
底部中心
※製作2片

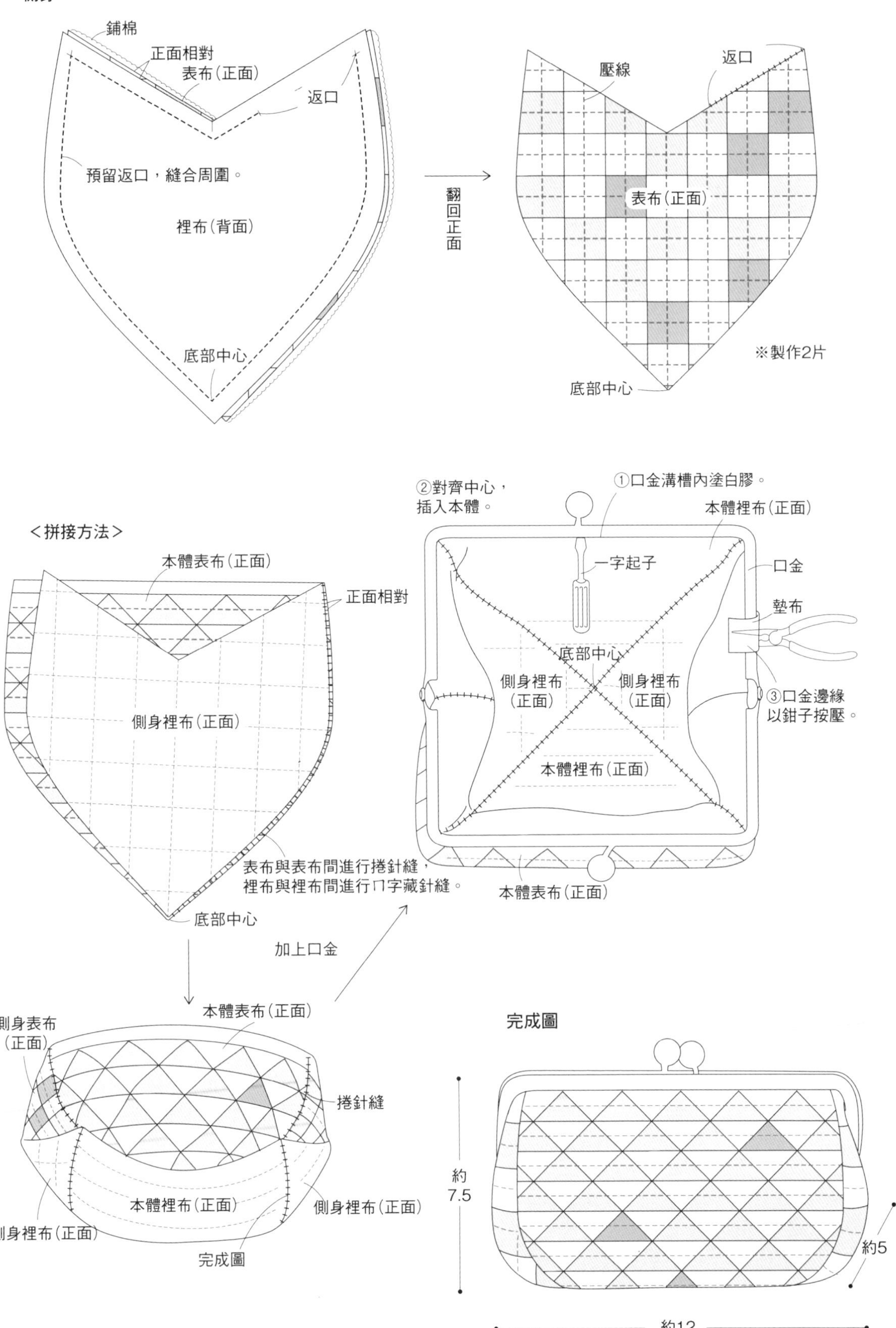
側身
鋪棉
正面相對
表布(正面)
返口
預留返口，縫合周圍。
裡布(背面)
底部中心
翻回正面
壓線
返口
表布(正面)
※製作2片
底部中心
<拼接方法>
本體表布(正面)
正面相對
側身裡布(正面)
表布與表布間進行捲針縫，
裡布與裡布間進行ㄇ字藏針縫。
底部中心
②對齊中心，
插入本體。
①口金溝槽內塗白膠。
本體裡布(正面)
一字起子
口金
墊布
底部中心
側身裡布
(正面)
側身裡布
(正面)
③口金邊緣
以鉗子按壓。
本體裡布(正面)
本體表布(正面)
加上口金
側身表布
(正面)
本體表布(正面)
捲針縫
本體裡布(正面)
側身裡布(正面)
側身裡布(正面)
完成圖
完成圖
約
7.5
約5
約12

06
作品 P.16

圓形波奇包

材料

拼接用布…使用零碼布、裡布・鋪棉各35×20cm
長12cm拉鍊1條、寬1.5cm皮革帶10cm

作法

1 進行拼接，製作A・B・B'側身表布。
2 步驟1各自將裡布及鋪棉正面相對，預留返口，縫合周圍。
3 翻回正面，縫合返口，進行壓線。
4 縫合A・B・B'，製作2片本體。
5 縫合本體與側身。
6 加上拉鍊，縫合釦絆。

配置圖　本體

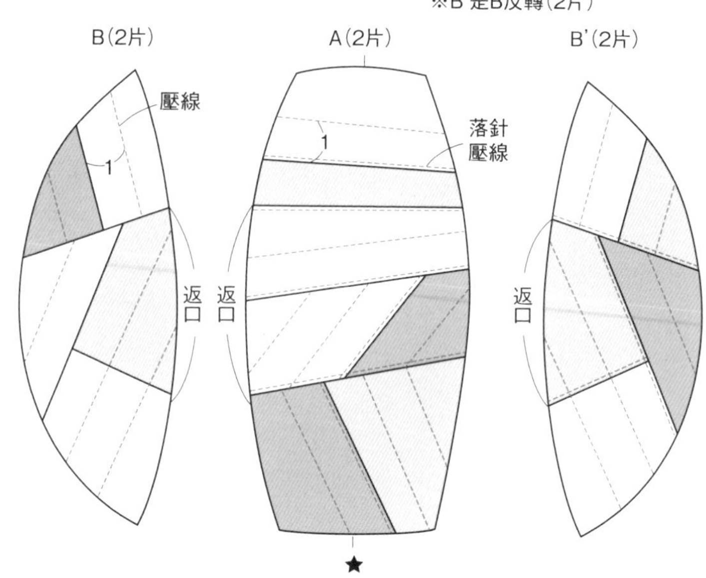
※B'是B反轉(2片)
B(2片)
A(2片)
B'(2片)
壓線
1
落針壓線
返口
★

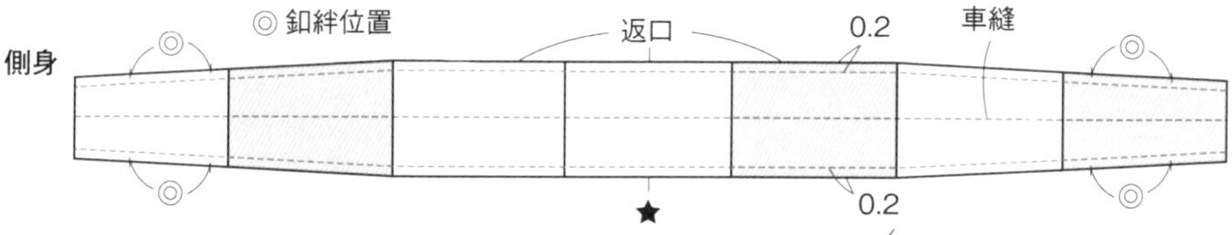

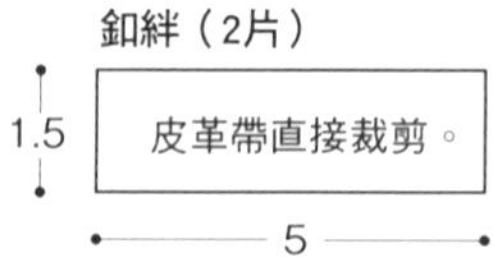

側身
◎ 釦絆位置
返口
0.2
車縫
★

釦絆(2片)
1.5
皮革帶直接裁剪。
5

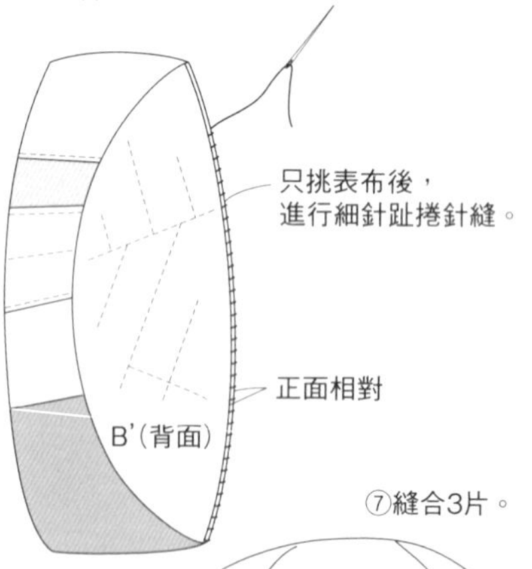

<本體>

①完成拼接。
②縫合。
③裁剪多餘的鋪棉。
④翻回正面。
⑤以藏針縫縫合返口。
⑥壓線。
A表布(正面)
正面相對
返口
裡布(正面)
A表布(背面)
鋪棉

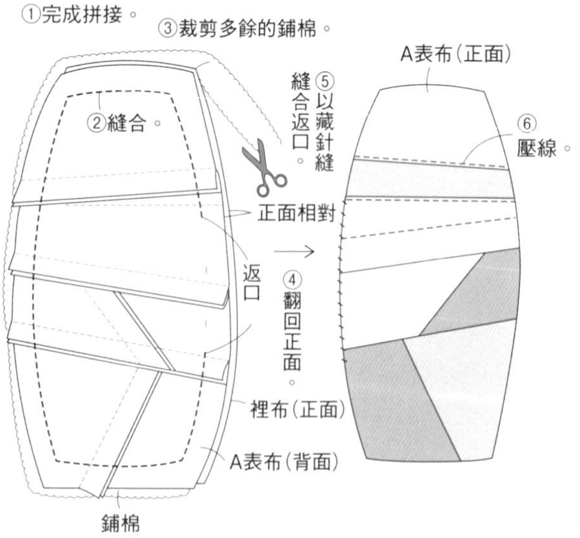

※B・B'側身也以相同方式製作。

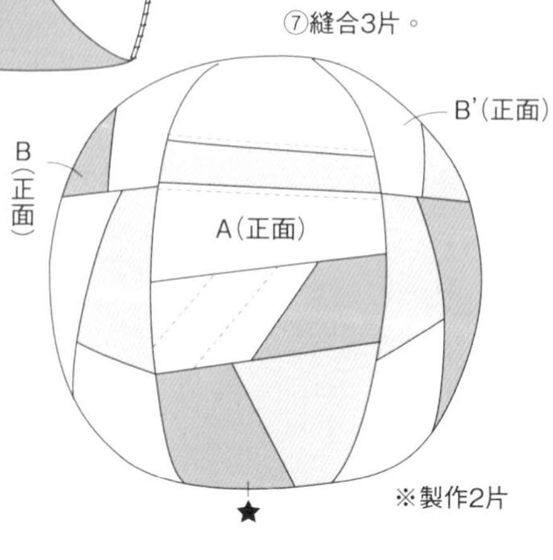

只挑表布後，進行細針趾捲針縫。
正面相對
B'(背面)
⑦縫合3片。
B'(正面)
B(正面)
A(正面)
★
※製作2片

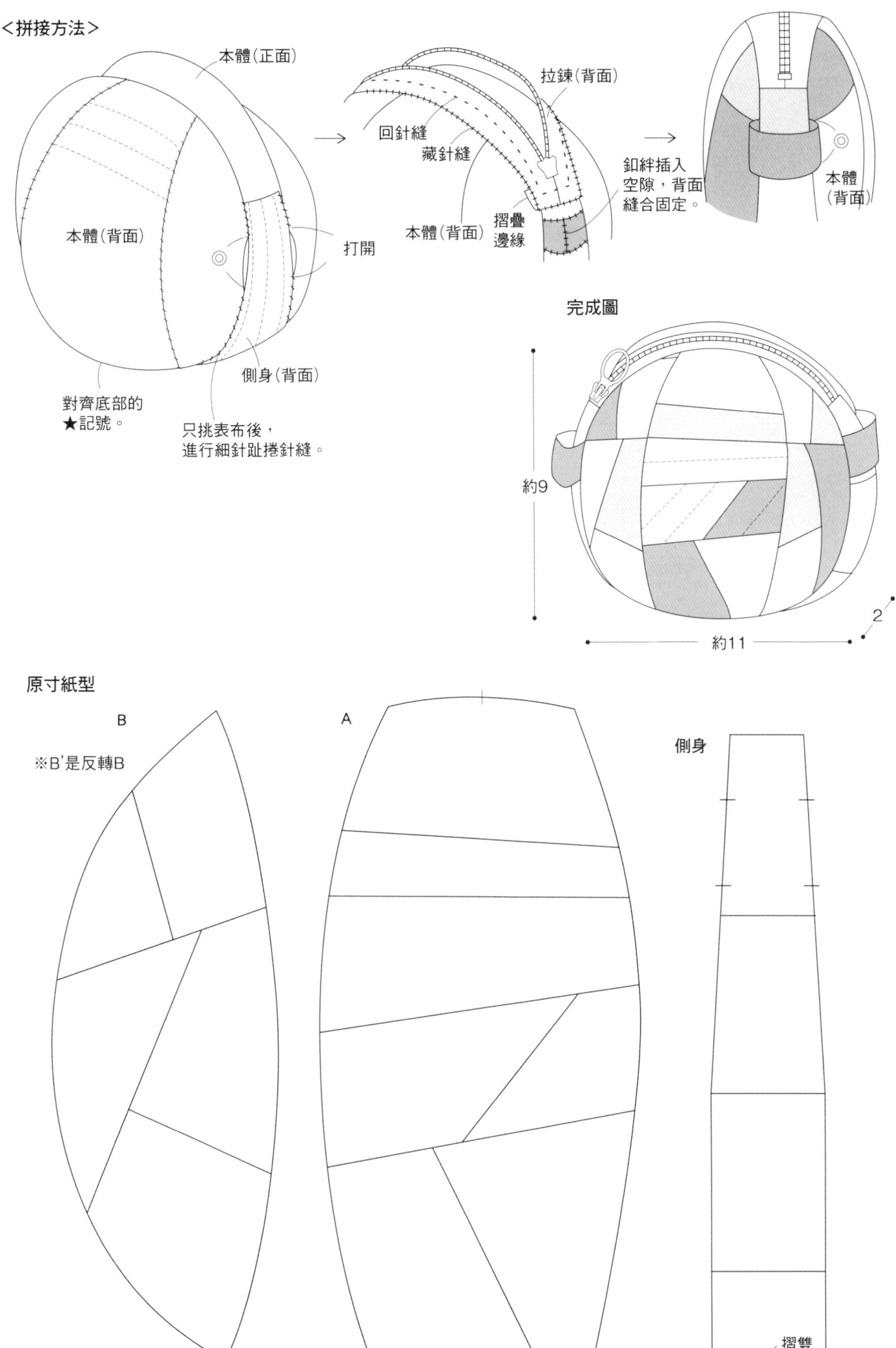

<拼接方法>
本體(正面)
本體(背面)
打開
對齊底部的
★記號。
只挑表布後，
進行細針趾捲針縫。
側身(背面)
回針縫
藏針縫
拉鍊(背面)
本體(背面)
摺疊
邊緣
釦絆插入
空隙，背面
縫合固定。
本體
(背面)
完成圖
約9
約11
2
原寸紙型
B
※B'是反轉B
A
側身
摺雙

07 作品 P.18　原寸紙型 P.101

鬱金香波奇包

材料

底布…25×25cm，貼布縫用布…使用零碼布，側身．底部…先染格紋布（含縫份處理用布）50×20cm，提把16×20cm，裡布．鋪棉各30×30cm，縫份處理用斜紋布2.5×85cm、長20cm拉鍊1條，布襯．25號繡線各色適量

作法

1 製作底布，製作貼布縫、刺繡後，再製作本體表布。
2 本體表布重疊裡布與鋪棉，進行壓線。
3 參考圖示，製作安裝拉鍊的側身．底部。
4 製作提把。
5 本體與側身．底部正面相對，空隙夾入提把後縫合。
6 5的縫份以縫份處理用斜紋布處理。

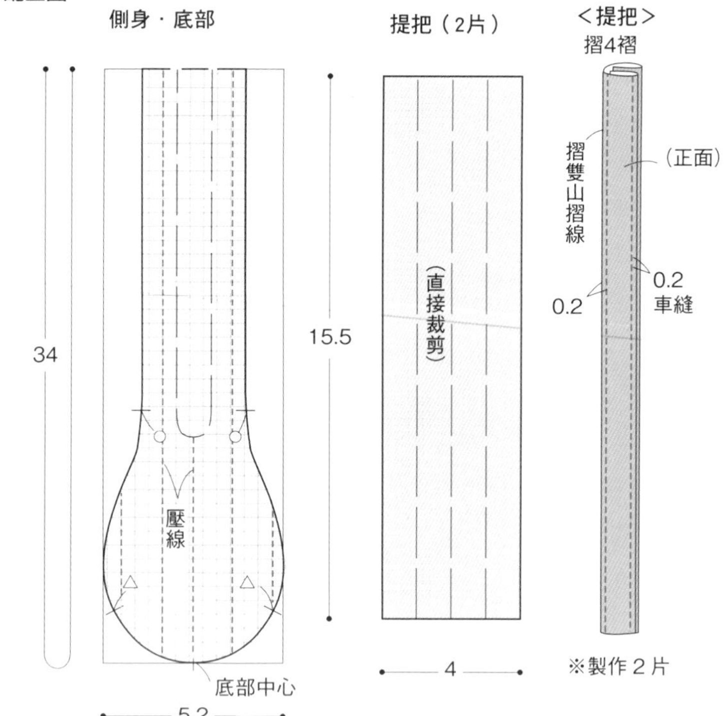

配置圖
側身．底部
壓線
34
5.2
底部中心
提把（2片）
（直接裁剪）
15.5
4
<提把>
摺4褶
摺雙山摺線
（正面）
0.2
0.2
車縫
※製作２片

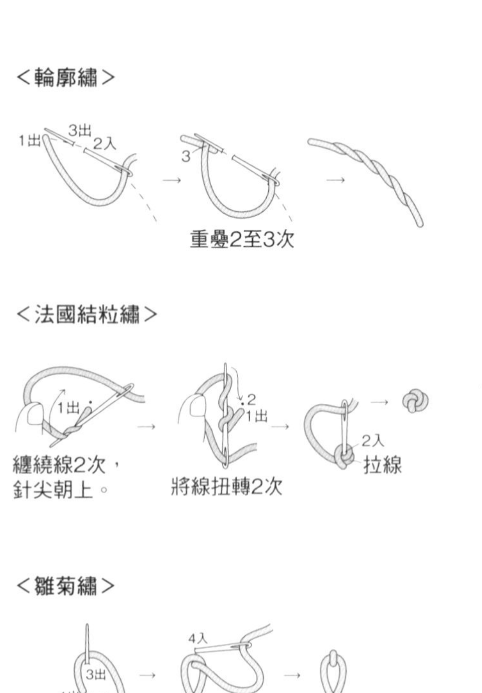

<輪廓繡>
1出
3出
2入
3
重疊2至3次
<法國結粒繡>
1出
2
1出
2入
纏繞線2次，
針尖朝上。
將線扭轉2次
拉線
<雛菊繡>
3出
1出
2入
4入

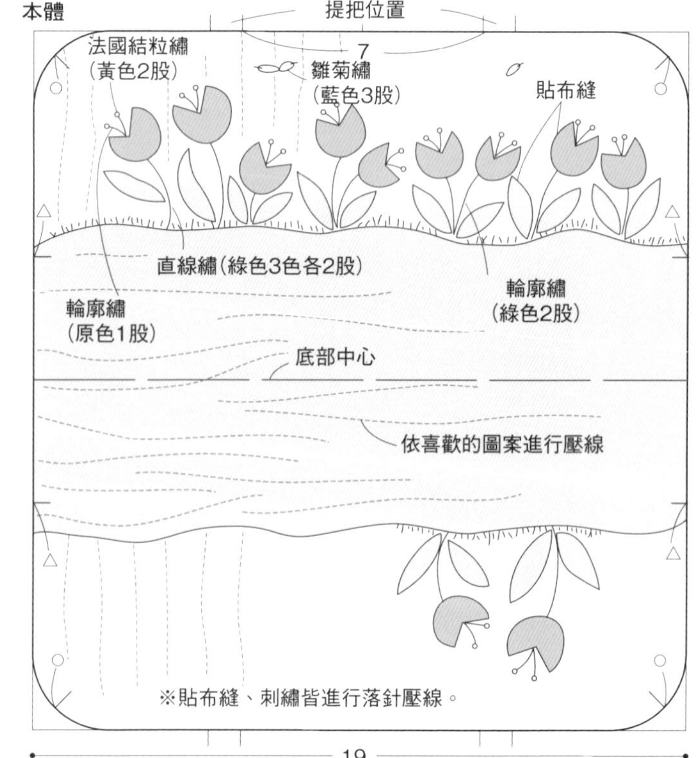

本體
提把位置
7
法國結粒繡
（黃色2股）
雛菊繡
（藍色3股）
貼布縫
直線繡（綠色3色各2股）
輪廓繡
（綠色2股）
輪廓繡
（原色1股）
底部中心
依喜歡的圖案進行壓線
20
19
※貼布縫、刺繡皆進行落針壓線。

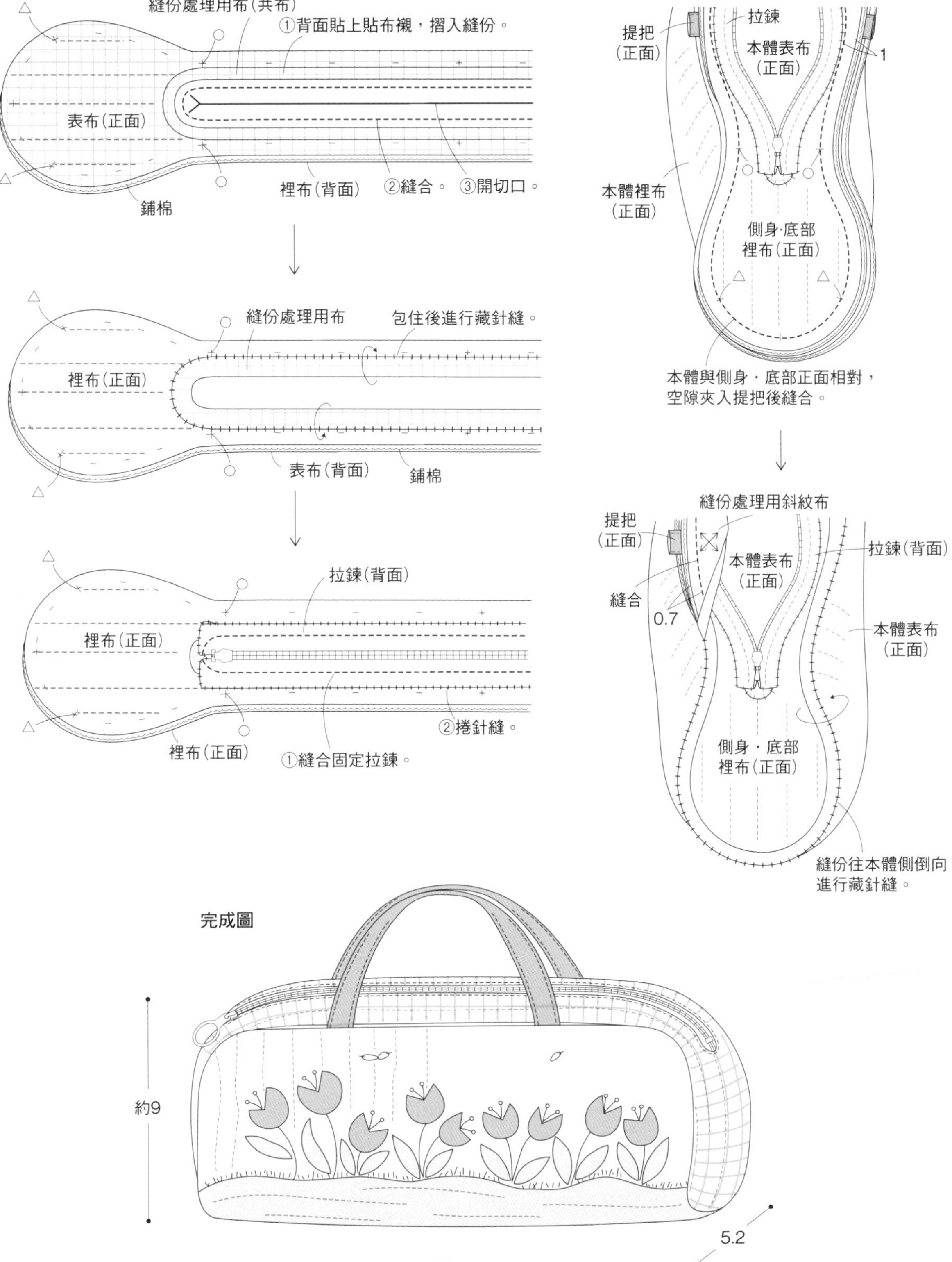

<側身・底部>
縫份處理用布(共布)
①背面貼上貼布襯，摺入縫份。
表布(正面)
裡布(背面)
②縫合。
③開切口。
鋪棉
縫份處理用布
包住後進行藏針縫。
裡布(正面)
表布(背面)
鋪棉
拉鍊(背面)
裡布(正面)
②捲針縫。
裡布(正面)
①縫合固定拉鍊。
<拼接方法>
提把
(正面)
拉鍊
本體表布
(正面)
1
本體裡布
(正面)
側身·底部
裡布(正面)
本體與側身・底部正面相對，
空隙夾入提把後縫合。
縫份處理用斜紋布
提把
(正面)
本體表布
(正面)
拉鍊(背面)
縫合
0.7
本體表布
(正面)
側身・底部
裡布(正面)
縫份往本體側倒向，
進行藏針縫。
完成圖
約9
5.2
19

08 作品 P.20

透明塑膠波奇包

材料 ※（ ）中的數字是小尺寸
貼布縫用布・邊布…使用零碼布，底布…25×20（20×20）cm，
外側布·滾邊用布…25×25（25×20）cm，
前片用塑膠布…13×21（11×17）cm，
長21（17）cm拉鍊1條，雙膠布襯適量

作法

1 底布進行貼布縫。
2 前片塑膠布上方滾邊，加上拉鍊。
3 將 **2** 夾入 **1** 與外側布縫合，內側布與外側布之間夾入拉鍊縫合。拉鍊穿過鍊頭，兩脇邊以包邊布進行滾邊。
4 拉鍊穿過鍊頭，兩脇邊以包邊布進行滾邊。

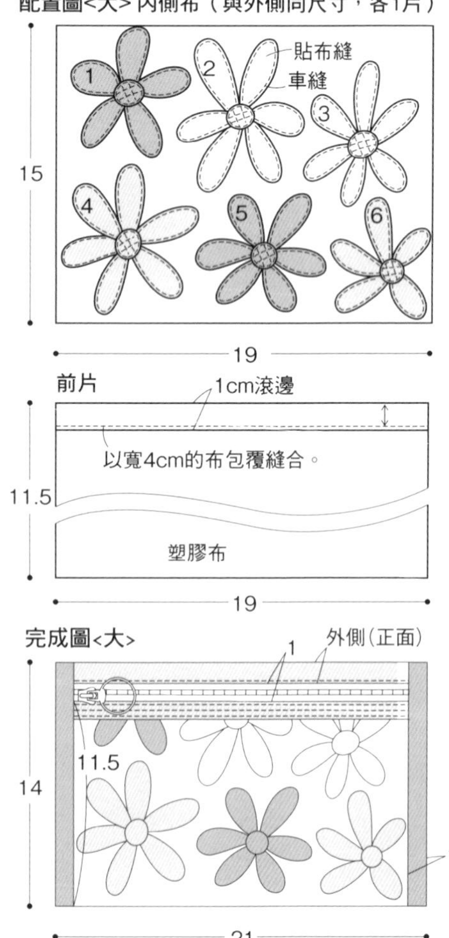

配置圖<大> 內側布（與外側同尺寸，各1片）
貼布縫
車縫
1
2
3
4
5
6
15
19
前片
1cm滾邊
以寬4cm的布包覆縫合。
11.5
塑膠布
19
完成圖<大>
外側（正面）
1
11.5
14
1
21

配置圖 <小>

※縫份1cm

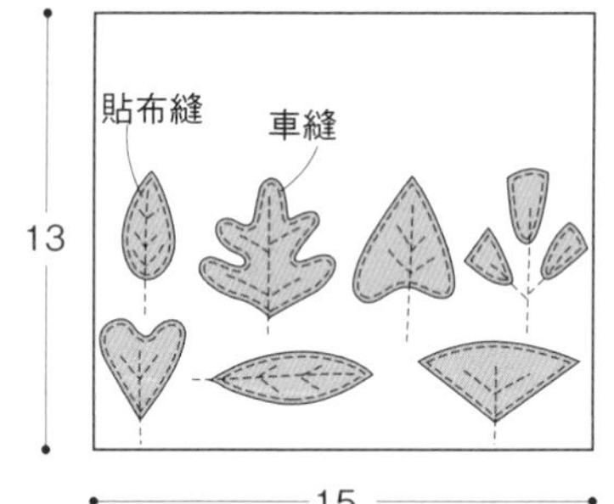

內側布（與外側同尺寸，各1片）
貼布縫
車縫
13
15

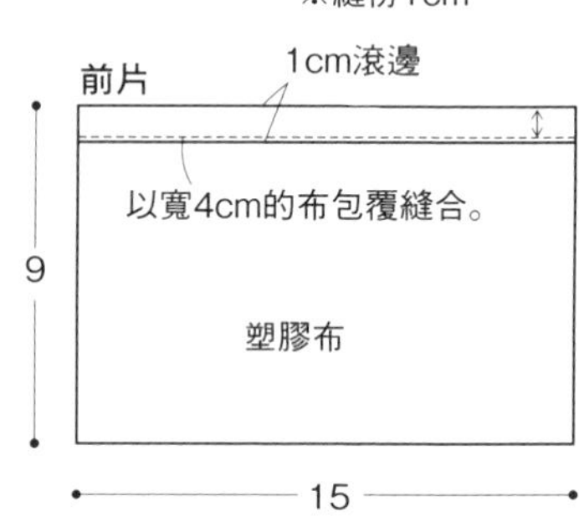

前片
1cm滾邊
以寬4cm的布包覆縫合。
9
塑膠布
15

<貼布縫>

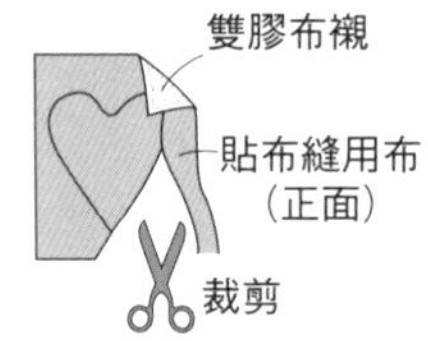

雙膠布襯
貼布縫用布
（正面）
裁剪

內側布（表）
貼合
熨斗

①車縫邊緣。
②車縫葉脈。

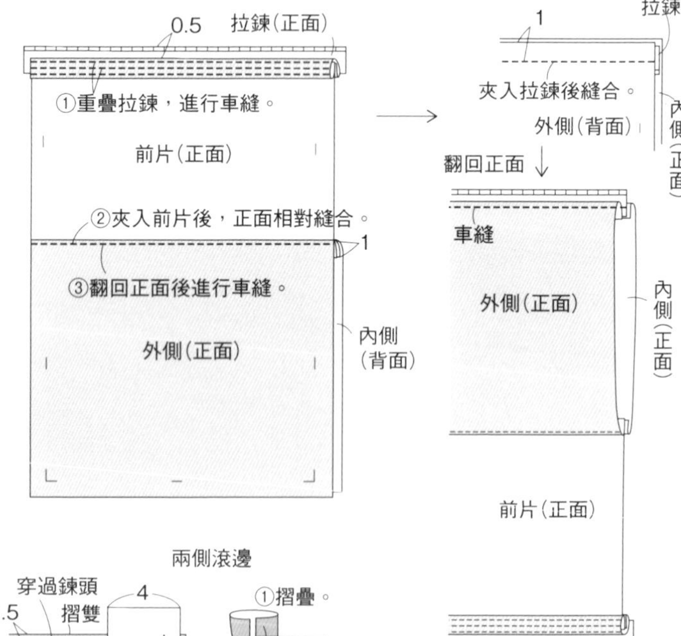

0.5
拉鍊（正面）
①重疊拉鍊，進行車縫。
前片（正面）
②夾入前片後，正面相對縫合。
1
③翻回正面後進行車縫。
外側（正面）
內側
（背面）
1
拉鍊
夾入拉鍊後縫合。
外側（背面）
內側（正面）
翻回正面
車縫
外側（正面）
內側（正面）
前片（正面）

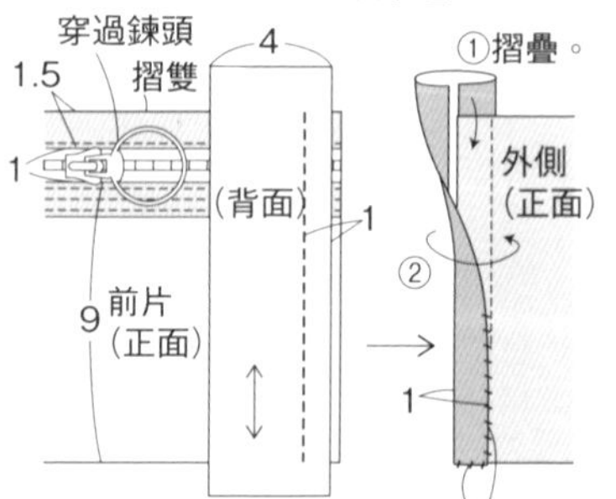

兩側滾邊
穿過鍊頭
1.5
摺雙
4
1
（背面）
1
9
前片
（正面）
①摺疊。
外側
（正面）
②
1
藏針縫

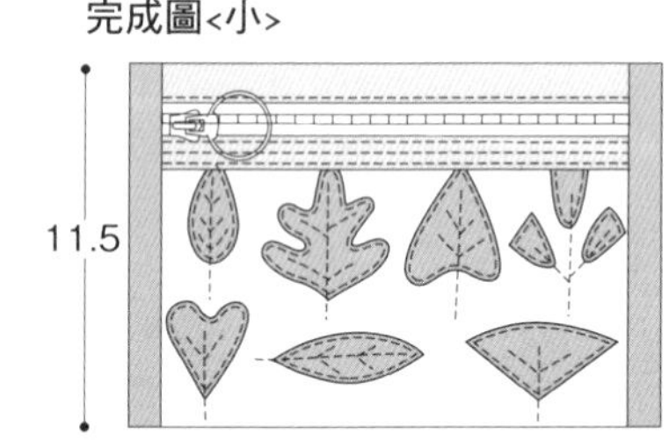

完成圖<小>
11.5
17

貼布縫圖案

1
2
3
4
5
6

09 作品 P.21

枝葉造型束口袋

材料

底布…印花布50×25cm、貼布縫用布…使用零碼布（含繩頭裝飾）、裡布50×25cm、直徑0.2cm圓頭繩110cm、25號繡線 棕色適量

作法

1 參考配置圖，底布進行貼布縫、刺繡，製作前片表布。
2 1對齊裡布，打開穿繩口，袋口從開口止縫處縫至開口止縫處。後片也以相同方式縫合。
3 前．後片部分與前．後片部分、裡布與裡布各自縫合底側。裡布預留返口。
4 3翻回正面，縫合返口。
5 4的袋口縫上穿繩口，穿入2條圓頭繩，加上繩頭裝飾。

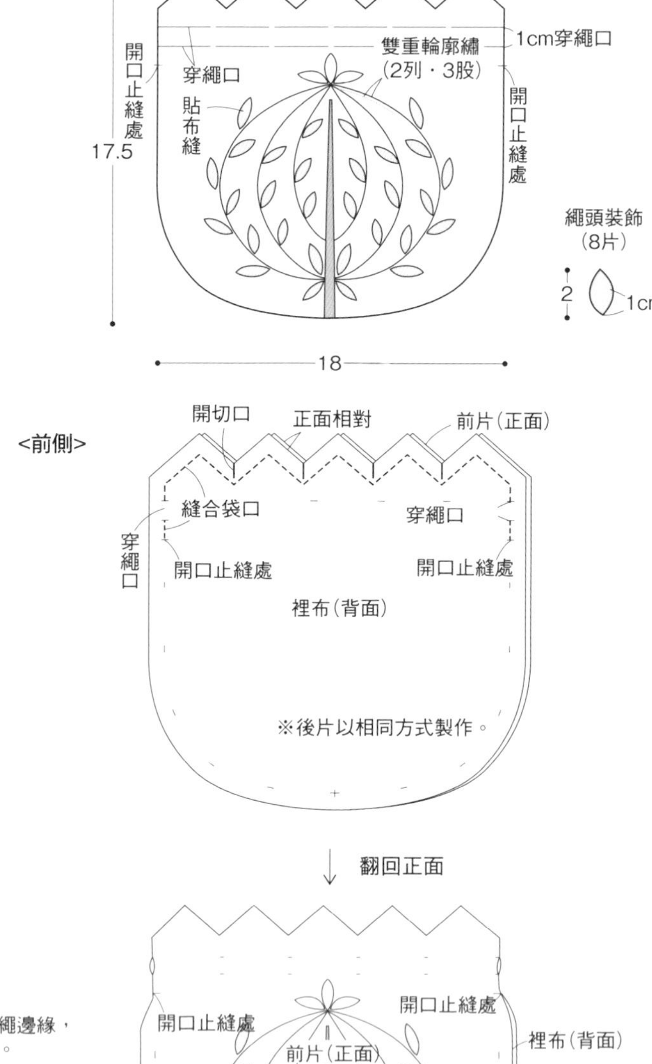
配置圖 前．後片
※只有前片進行貼布縫及刺繡。
1cm穿繩口
雙重輪廓繡
(2列．3股)
開口止縫處
穿繩口
貼布縫
開口止縫處
17.5
18
繩頭裝飾
(8片)
2
1cm返口
<前側>
開切口
正面相對
前片(正面)
縫合袋口
穿繩口
穿繩口
開口止縫處
開口止縫處
裡布(背面)
※後片以相同方式製作。
翻回正面
開口止縫處
開口止縫處
前片(正面)
裡布(背面)
※後片以相同方式製作。

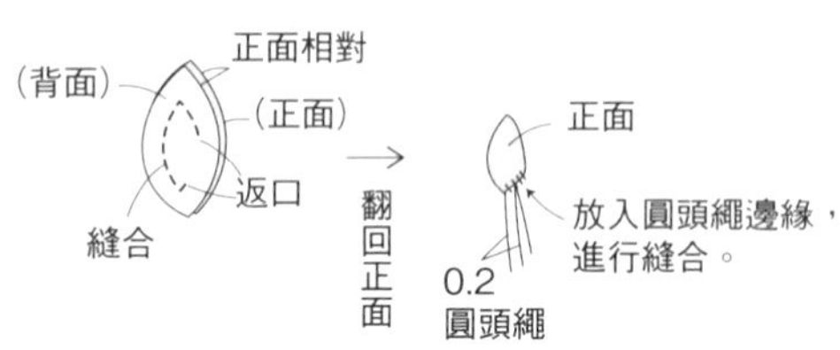
<繩頭裝飾>
正面相對
(背面)
(正面)
返口
縫合
翻回正面
正面
放入圓頭繩邊緣，
進行縫合。
0.2
圓頭繩

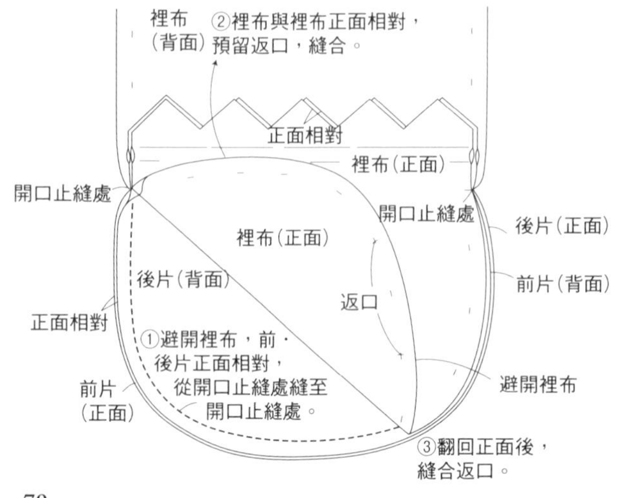
<拼接方法>
裡布
(背面)
②裡布與裡布正面相對，
預留返口，縫合。
正面相對
裡布(正面)
開口止縫處
裡布(正面)
開口止縫處
後片(正面)
後片(背面)
前片(背面)
返口
正面相對
①避開裡布，前．
後片正面相對，
從開口止縫處縫至
開口止縫處。
前片
(正面)
避開裡布
③翻回正面後，
縫合返口。

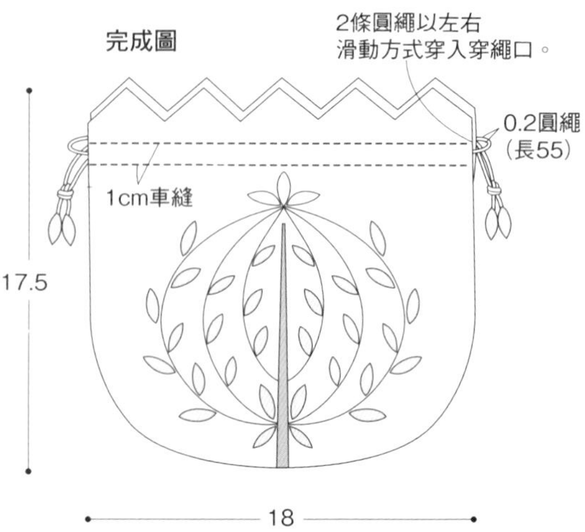
完成圖
2條圓繩以左右
滑動方式穿入穿繩口。
0.2圓繩
(長55)
1cm車縫
17.5
18

原寸紙型

繩頭裝飾

10

作品 P.22

房屋造型小置物籃

材料

底布…先染格紋布 45×10cm
貼布縫用布…使用零碼布，底部・拼接用布…綠色印花布20×15cm、
提把用布…棕色印花布10×25cm、滾邊布（斜紋布）3.5×45cm、裡袋・鋪棉・補強布・厚布襯各45×25cm，薄布襯10×20cm，1cm鈕釦4個，雙膠布襯・金線適量

作法

1 底布進行貼布縫，進行拼接、刺繡。重疊鋪棉、補強布後進行壓線，製作本體。
2 底布重疊鋪棉及補強布後進行車縫。
3 縫合本體與底部。
4 裡袋本體與底部貼上厚布襯，縫合。
5 對齊本體與裡袋，袋口滾邊。
6 製作提把，固定縫合鈕釦。

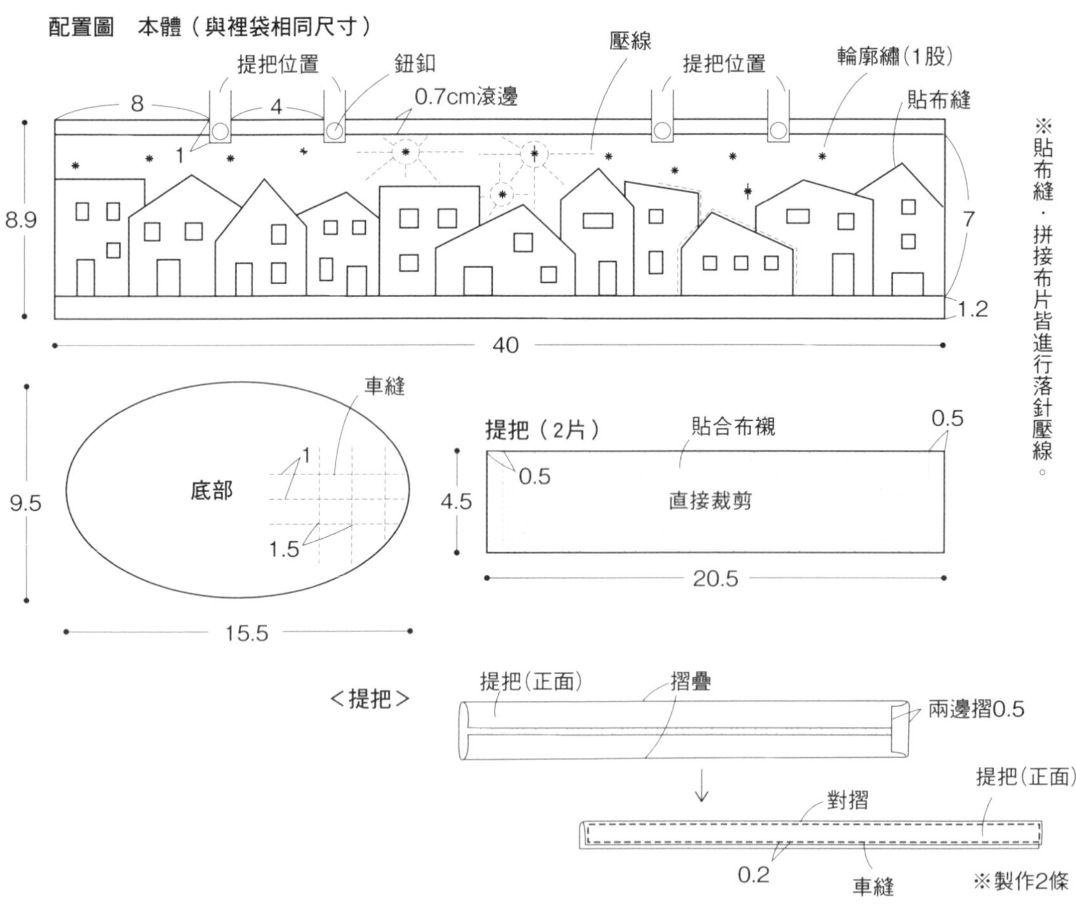

配置圖　本體（與裡袋相同尺寸）
提把位置
鈕釦
壓線
提把位置
輪廓繡(1股)
8
4
0.7cm滾邊
貼布縫
1
8.9
7
1.2
40
※貼布縫・拼接布片皆進行落針壓線。
車縫
底部
1
1.5
9.5
15.5
提把（2片）
貼合布襯
0.5
0.5
4.5
直接裁剪
20.5
<提把>
提把(正面)
摺疊
兩邊摺0.5
提把(正面)
對摺
0.2
車縫
※製作2條

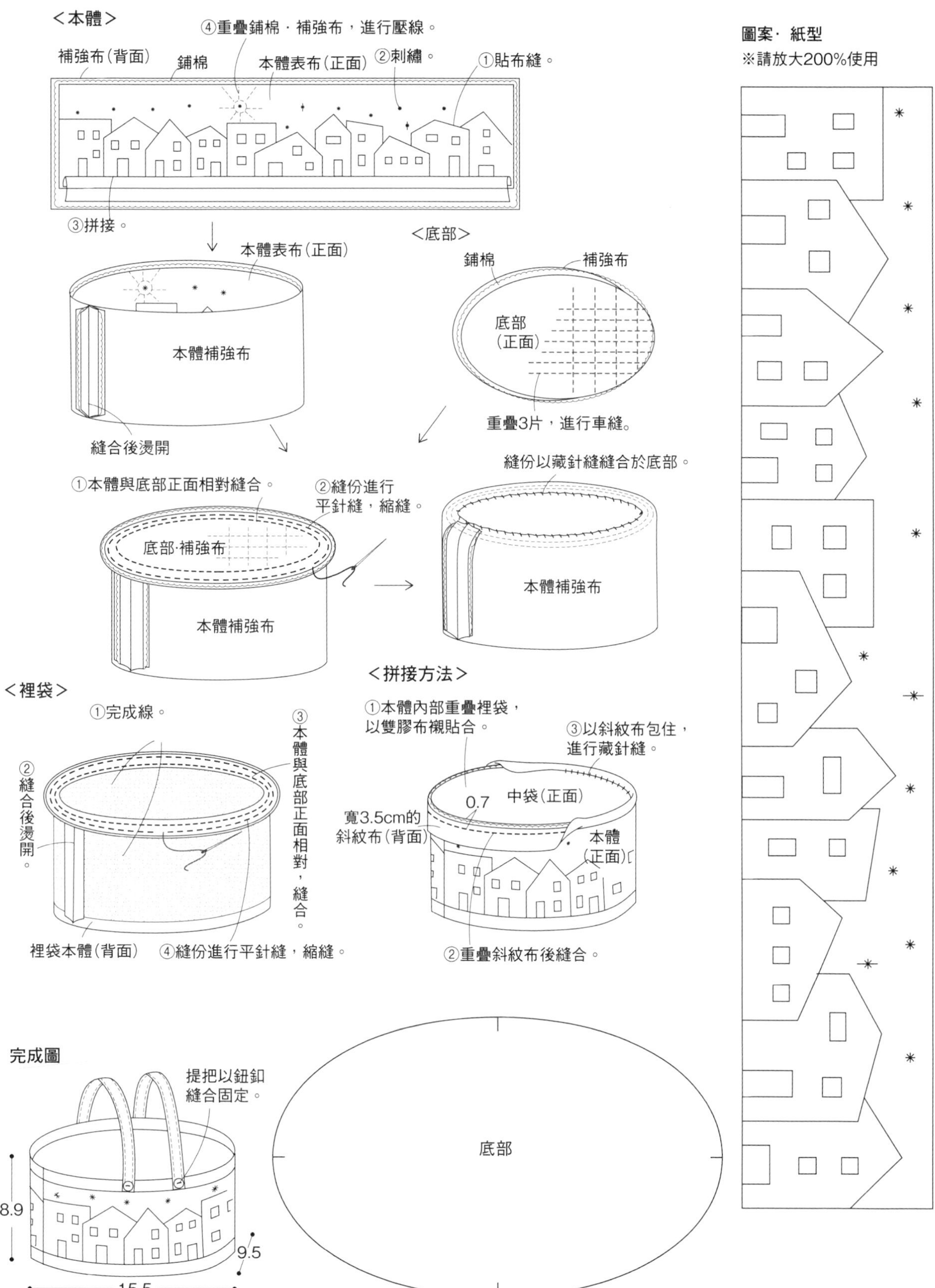
<本體>
④重疊鋪棉・補強布，進行壓線。
補強布(背面)
鋪棉
本體表布(正面)
②刺繡。
①貼布縫。
③拼接。
本體表布(正面)
本體補強布
縫合後燙開
<底部>
鋪棉
補強布
底部
(正面)
重疊3片，進行車縫。
縫份以藏針縫縫合於底部。
①本體與底部正面相對縫合。
②縫份進行
平針縫，縮縫。
底部·補強布
本體補強布
本體補強布
<裡袋>
①完成線。
②縫合後燙開。
③本體與底部正面相對，縫合。
裡袋本體(背面)
④縫份進行平針縫，縮縫。
<拼接方法>
①本體內部重疊裡袋，
以雙膠布襯貼合。
③以斜紋布包住，
進行藏針縫。
0.7
中袋(正面)
寬3.5cm的
斜紋布(背面)
本體
(正面)
②重疊斜紋布後縫合。
完成圖
提把以鈕釦
縫合固定。
8.9
9.5
15.5
底部
圖案· 紙型
※請放大200%使用

11/12 兔子情侶娃娃

作品 P.24　原寸紙型 P.102

材料　（男孩・女孩相同）
A布…先染布 12×6cm、B布…印花布30×8cm、C布…30×8cm、毛呢布40×10cm、鋪棉10×10cm、25號繡線各色・棉花適量
（只有男孩）寬0.5cm織帶20cm、直徑0.7cm鈕釦4個

作法

1. 參考裁布圖，裁剪布料，各別製作腳、手、耳朵、頭及身體。
2. 身體加上腳、手腕、耳朵。
3. 只有男孩需加上吊帶。
4. 製作臉部的刺繡。

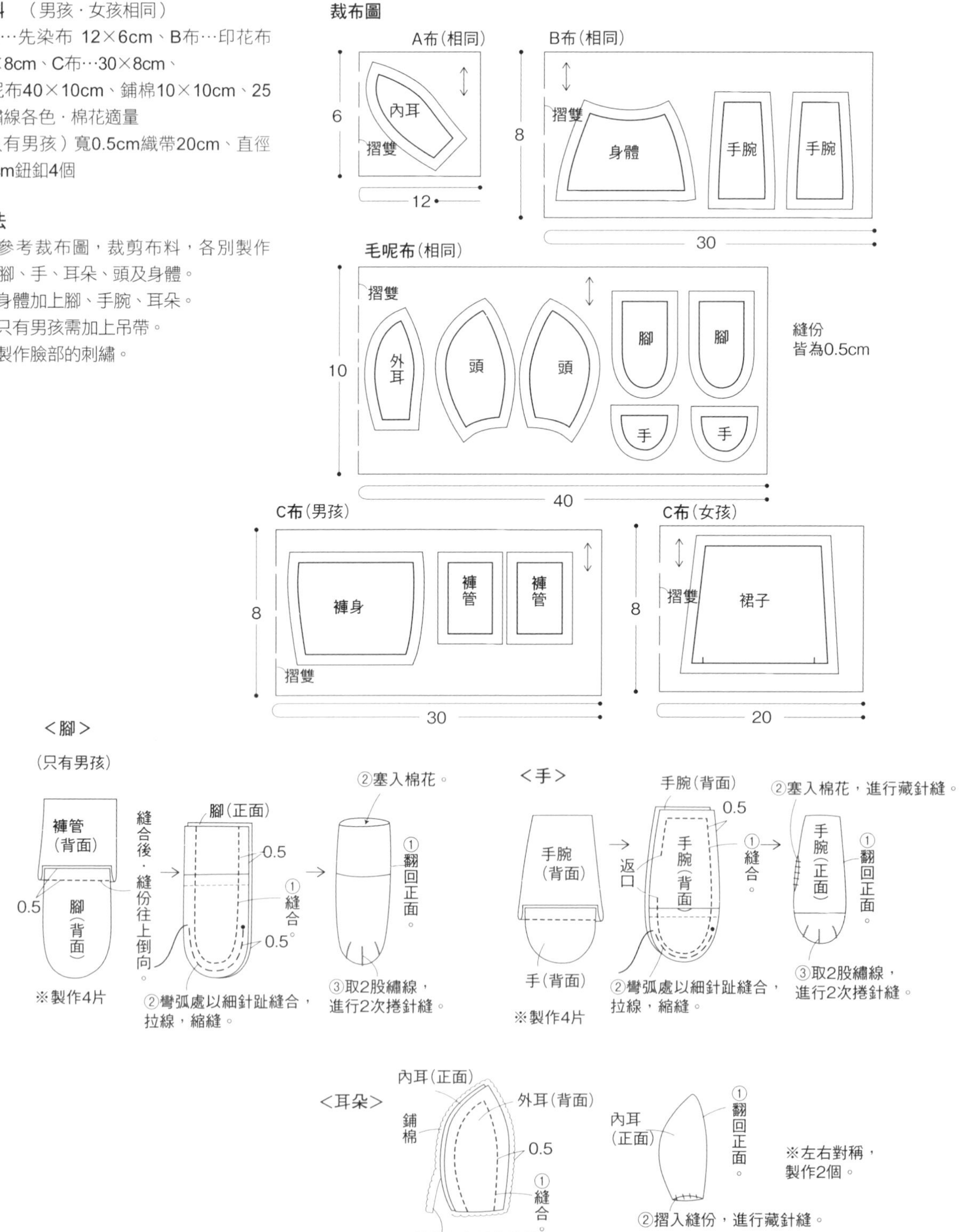

裁布圖
A布（相同）
內耳
摺雙
6
12
B布（相同）
摺雙
身體
手腕
手腕
8
30
毛呢布（相同）
摺雙
外耳
頭
頭
腳
腳
手
手
10
40
縫份皆為0.5cm
C布（男孩）
褲身
褲管
褲管
摺雙
8
30
C布（女孩）
摺雙
裙子
8
20
<腳>
（只有男孩）
褲管（背面）
0.5
腳（背面）
※製作4片
縫合後，縫份往上倒向。
腳（正面）
0.5
①縫合
0.5
②彎弧處以細針趾縫合，拉線，縮縫。
②塞入棉花。
①翻回正面。
③取2股繡線，進行2次捲針縫。
<手>
手腕（背面）
手（背面）
※製作4片
手腕（背面）
0.5
返口
手腕（背面）
①縫合。
②彎弧處以細針趾縫合，拉線，縮縫。
②塞入棉花，進行藏針縫。
手腕（正面）
①翻回正面。
③取2股繡線，進行2次捲針縫。
<耳朵>
內耳（正面）
外耳（背面）
鋪棉
0.5
①縫合。
②裁剪多餘的鋪棉。
內耳（正面）
①翻回正面。
②摺入縫份，進行藏針縫。
※左右對稱，製作2個。

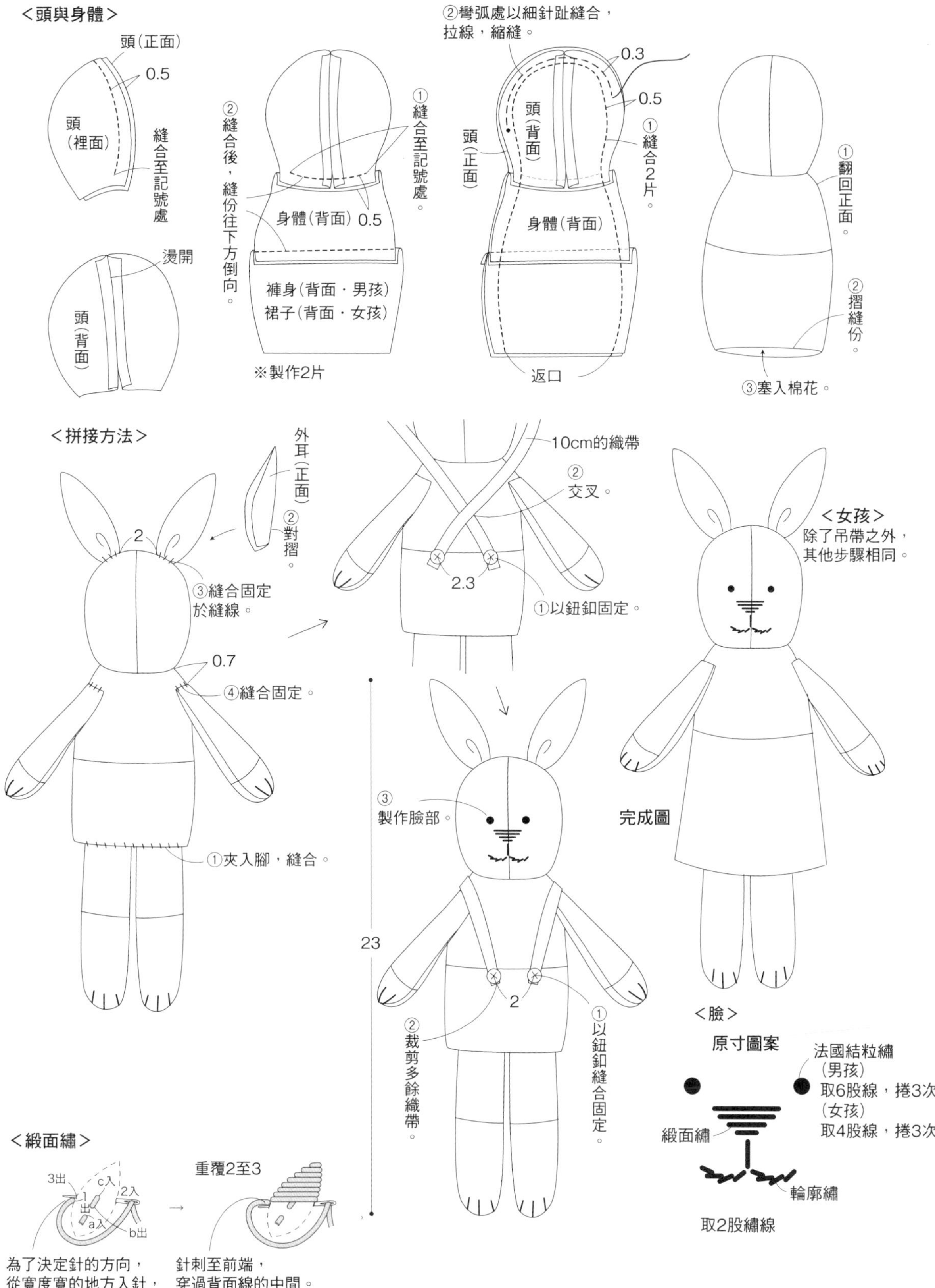
<頭與身體>
頭(正面)
0.5
頭(裡面)
縫合至記號處
燙開
頭(背面)
②縫合後，縫份往下方倒向。
①縫合至記號處。
身體(背面) 0.5
褲身(背面・男孩)
裙子(背面・女孩)
※製作2片
②彎弧處以細針趾縫合，拉線，縮縫。
0.3
0.5
頭(背面)
頭(正面)
①縫合2片。
身體(背面)
返口
①翻回正面。
②摺縫份。
③塞入棉花。
<拼接方法>
外耳(正面)
②對摺。
2
③縫合固定於縫線。
0.7
④縫合固定。
①夾入腳，縫合。
10cm的織帶
②交叉。
2.3
①以鈕釦固定。
<女孩>
除了吊帶之外，其他步驟相同。
③製作臉部。
完成圖
23
2
②裁剪多餘織帶。
①以鈕釦縫合固定。
<臉>
原寸圖案
法國結粒繡
(男孩)
取6股線，捲3次
(女孩)
取4股線，捲3次
緞面繡
輪廓繡
取2股繡線
<緞面繡>
3出
c入
2入
1出
a入
b出
重覆2至3
為了決定針的方向，從寬度寬的地方入針，會比較容易刺繡。
針刺至前端，穿過背面線的中間。從入針處一半的位置出針。

13/14

作品 P.26　　紙型 P.78

小雞的家、小狗的家

材料　（No.13・No.14相同）

本體底布・貼布縫用布・釦絆…使用零碼布、裡布・補強布・鋪棉各35×30cm，塑膠板30×20cm、25號繡線各色適量、（只有No.13）直徑1.1cm鈕釦1個、內鈕釦1個

0.3cm繩子6cm，5號繡線（米色）適量、（只有No.14）直徑1.1cm磁釦2個

作法　（No.13・No.14相同）

1. 在各部位的底布上，各自製作貼布縫及刺繡。
2. 底布進行拼接，重疊鋪棉及補強布後，進行壓線。
3. 2重疊裡布，兩側縫合後翻回正面。
4. 本體於裡布之間放入塑膠板，縫合交界處。
5. No.13製作繩子，No.14製作釦絆後夾入，縫合返口。
6. 牆壁部分進行ㄇ字藏針縫。
7. No.13加上鈕釦。

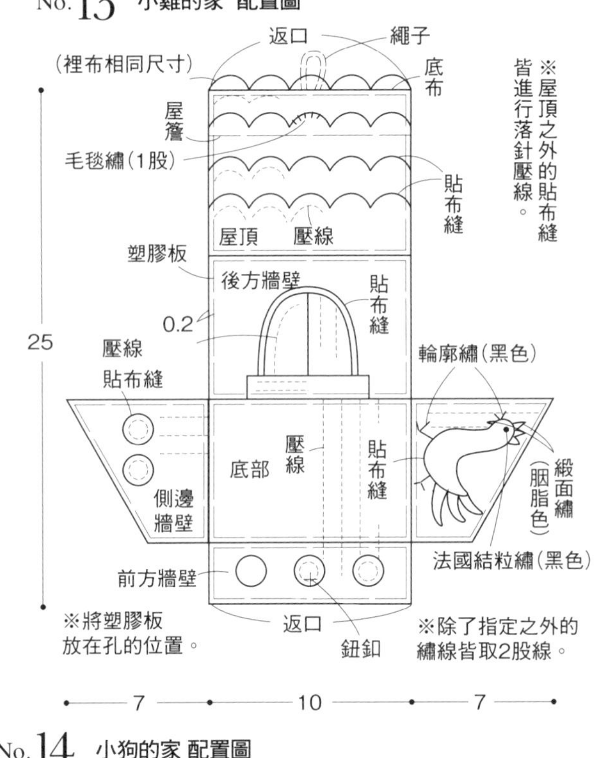

No.13 小雞的家 配置圖
返口
繩子
（裡布相同尺寸）
底布
※屋頂之外的貼布縫皆進行落針壓線。
屋簷
毛毯繡（1股）
貼布縫
屋頂
壓線
塑膠板
後方牆壁
貼布縫
0.2
25
壓線
貼布縫
輪廓繡（黑色）
底部
壓線
貼布縫
緞面繡（胭脂色）
側邊牆壁
法國結粒繡（黑色）
前方牆壁
※將塑膠板放在孔的位置。
返口
鈕釦
※除了指定之外的繡線皆取2股線。
7
10
7

No.14 小狗的家 配置圖

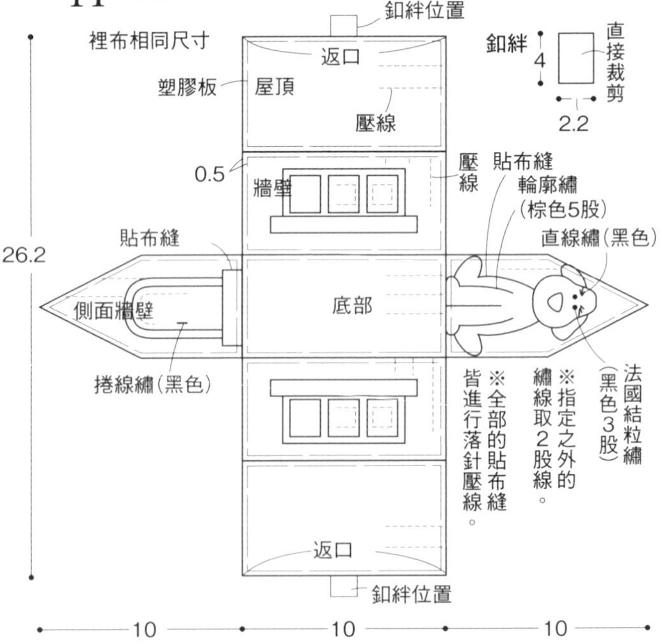

釦絆位置

裡布相同尺寸

返口

塑膠板　屋頂

壓線

釦絆 4 × 2.2 直接裁剪

0.5　牆壁

壓線　貼布縫

輪廓繡（棕色5股）

直線繡（黑色）

貼布縫

26.2

側面牆壁　底部

捲線繡（黑色）

法國結粒繡（黑色3股）

※指定之外的繡線取2股線。

※全部的貼布縫皆進行落針壓線。

返口

釦絆位置

10　10　10

<捲線繡>

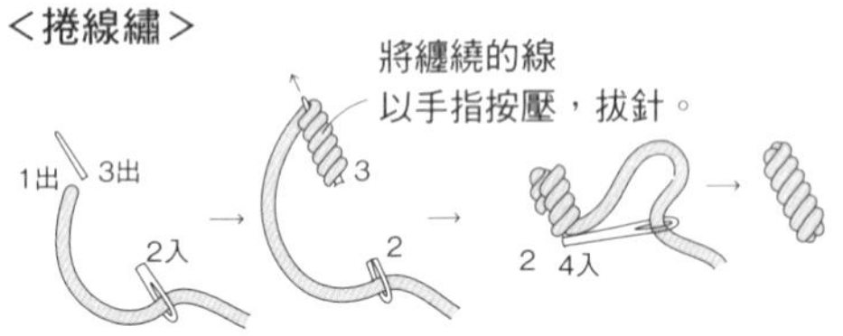

將纏繞的線以手指按壓，拔針。

1出　3出　2入　3　2　2　4入

<小雞的家屋頂>

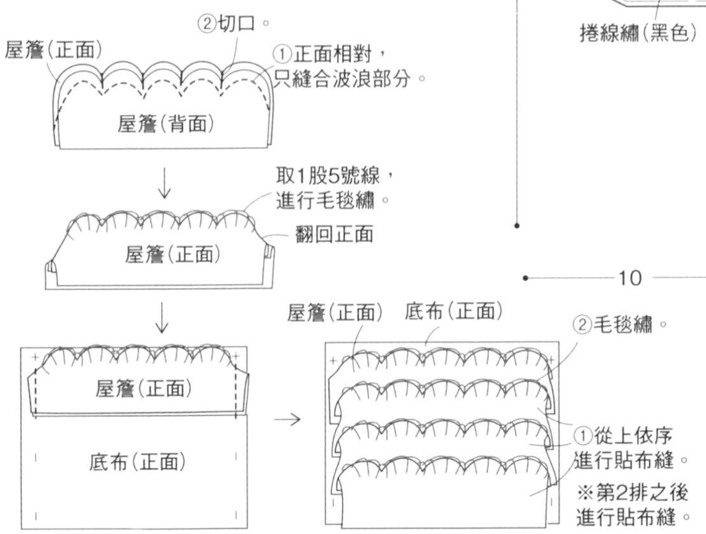

屋簷（正面）

②切口。

①正面相對，只縫合波浪部分。

屋簷（背面）

取1股5號線，進行毛毯繡。

翻回正面

屋簷（正面）

屋簷（正面）　底布（正面）

②毛毯繡。

屋簷（正面）

底布（正面）

①從上依序進行貼布縫。

※第2排之後進行貼布縫。

<毛毯繡>

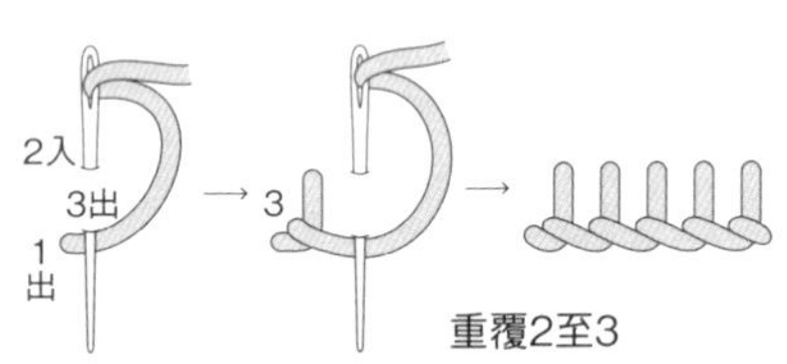

2入　3出　1出　3

重覆2至3

＜本體＞

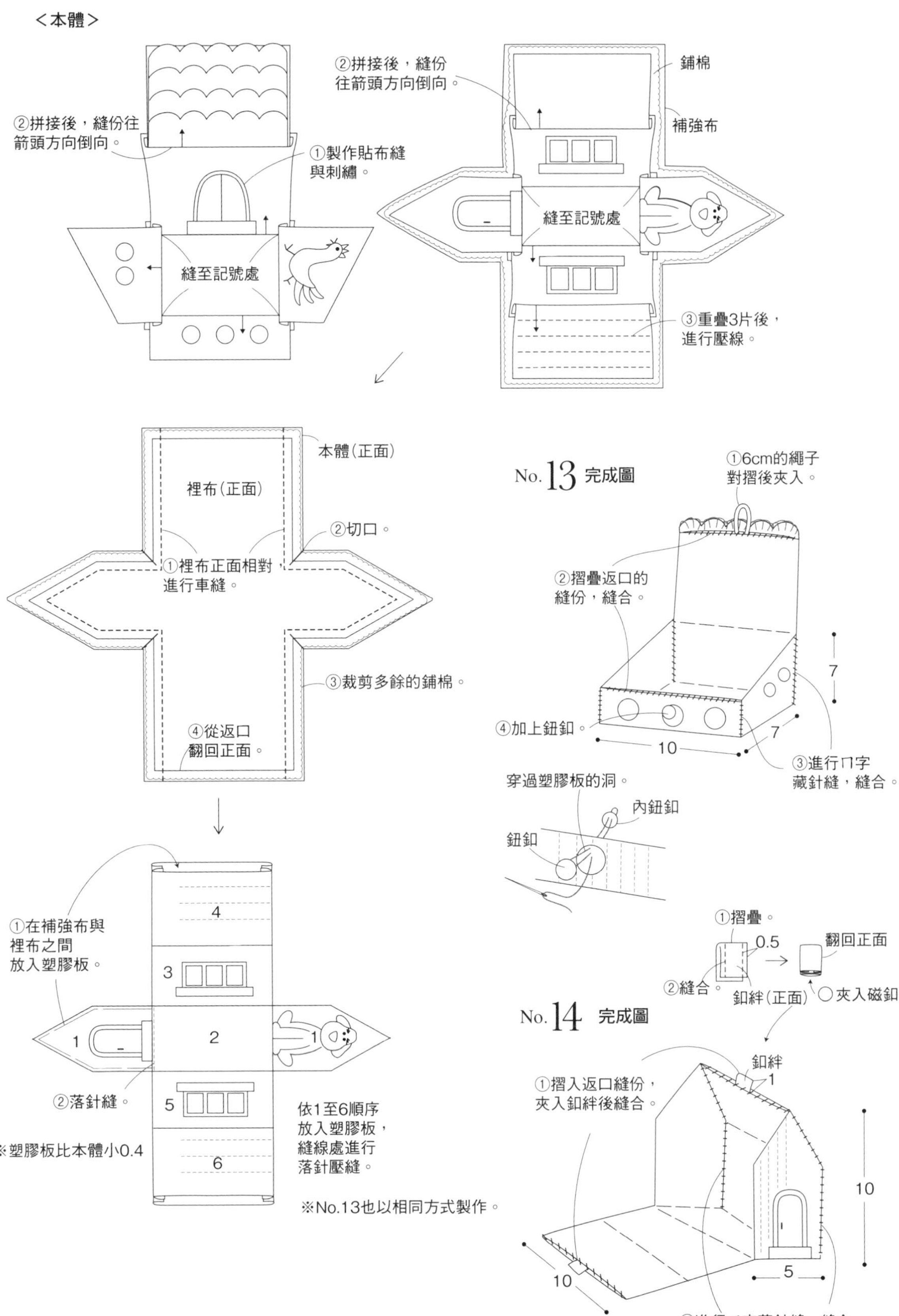

②拼接後，縫份往
箭頭方向倒向。
①製作貼布縫
與刺繡。
縫至記號處
②拼接後，縫份
往箭頭方向倒向。
鋪棉
補強布
縫至記號處
③重疊3片後，
進行壓線。
本體（正面）
裡布（正面）
②切口。
①裡布正面相對，
進行車縫。
③裁剪多餘的鋪棉。
④從返口
翻回正面。
No.13 完成圖
①6cm的繩子
對摺後夾入。
②摺疊返口的
縫份，縫合。
7
④加上鈕釦。
10
7
③進行ㄇ字
藏針縫，縫合。
穿過塑膠板的洞。
內鈕釦
鈕釦
4
3
1
2
1
5
6
①在補強布與
裡布之間
放入塑膠板。
②落針縫。
依1至6順序
放入塑膠板，
縫線處進行
落針壓縫。
※塑膠板比本體小0.4
※No.13也以相同方式製作。
①摺疊。
0.5
翻回正面
②縫合。
釦絆（正面）
夾入磁釦
No.14 完成圖
釦絆
1
①摺入返口縫份，
夾入釦絆後縫合。
10
5
10
②進行ㄇ字藏針縫，縫合。

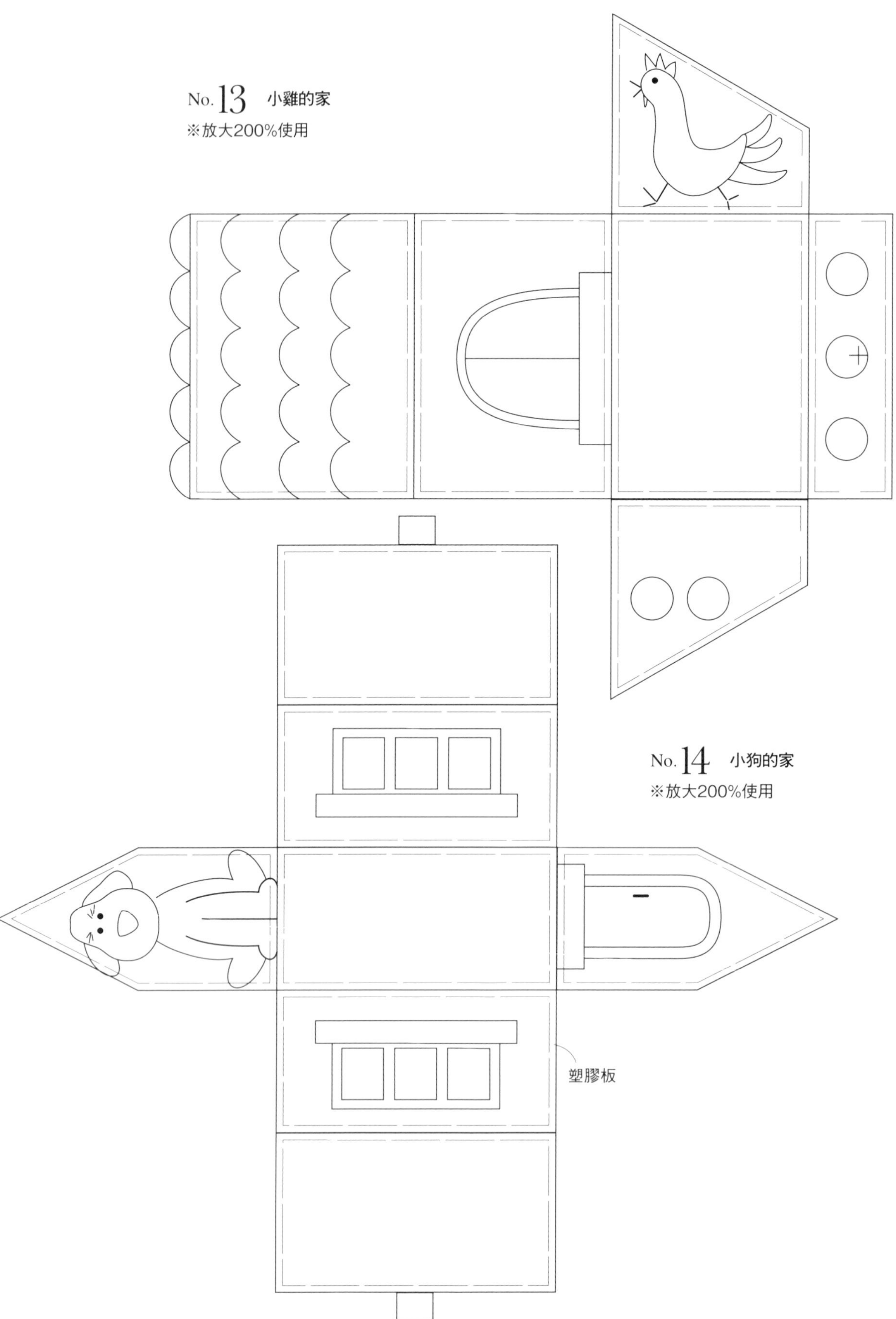
No.13 小雞的家
※放大200%使用
No.14 小狗的家
※放大200%使用
塑膠板

15 作品 P.28

藍蜻蜓墊巾

材料

底布…印花布30×30cm、貼布縫用布…使用零碼布、裡布・鋪棉各35×35cm、縫份處理用斜紋布 2.5×120cm、25號繡線各色適量

作法

1 底布進行貼布縫、刺繡，製作表布。
2 重疊1與裡布及鋪棉，進行壓線。
3 2的周圍縫合包邊用斜紋布，包住縫份後，往背面倒向，進行藏針縫。

＜輪廓繡＞

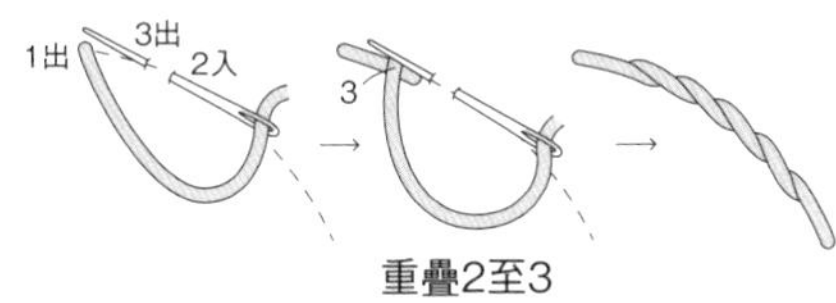
1出
3出
2入
3
重疊2至3

＜雛菊繡＞

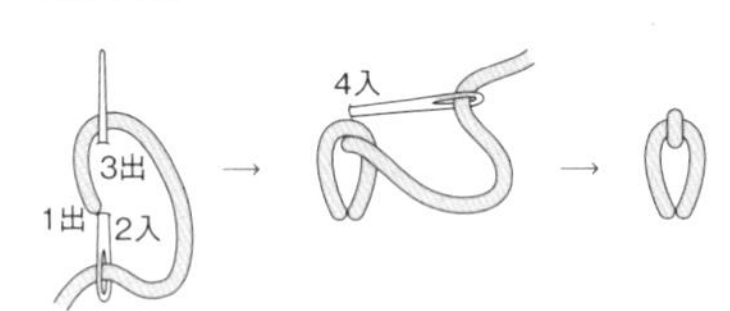
4入
3出
1出
2入

＜8字結粒繡＞

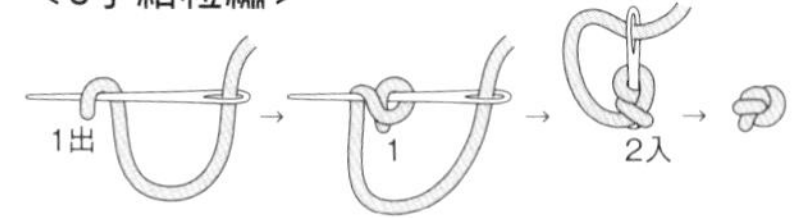
1出
1
2入

配置圖 ※將圖案放大200%使用。

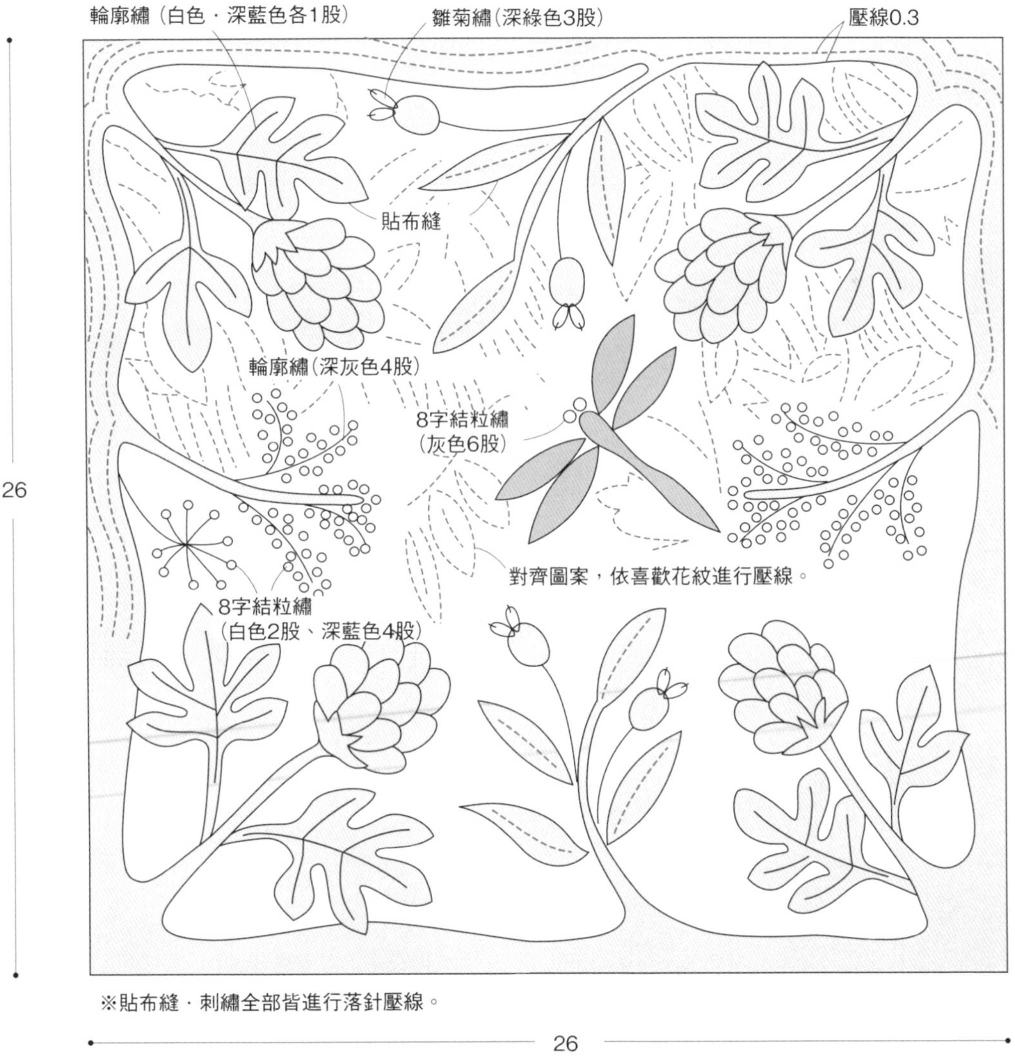

輪廓繡（白色・深藍色各1股）
雛菊繡（深綠色3股）
壓線0.3
貼布縫
輪廓繡（深灰色4股）
8字結粒繡（灰色6股）
對齊圖案，依喜歡花紋進行壓線。
8字結粒繡（白色2股、深藍色4股）
26
26

※貼布縫・刺繡全部皆進行落針壓線。

16 作品 P.30

小物置物盒

材料

拼接用布…使用零碼布（含側面．底部）、裡布（含袋蓋內側．底部內側）．鋪棉各30×30cm、滾邊布（斜紋布）3.5×35cm、補強布．超厚布襯各20×10cm、寬3cm連接用織帶20cm、長20cm拉鍊1條、串珠=直徑1.3．0.4cm各1個、直徑0.6cm鈕釦1個、塑膠板適量

作法

1 進行拼接，製作表布。
2 1重疊鋪棉與補強布，進行壓線，包住中心開洞的塑膠板。
3 拉鍊夾入連接用織帶，圍成圓圈。
4 3與袋蓋進行ㄇ字藏針縫。
5 以超厚布襯包住的袋蓋內側進行藏針縫。
6 製作側面與底部，側面縫合成圓圈。與底部縫合，袋口進行滾邊。
7 5的單邊拉鍊上，以回針縫固定於側面，側面裡布以藏針縫固定連接用織帶。
8 袋蓋中心加上串珠。

配置圖

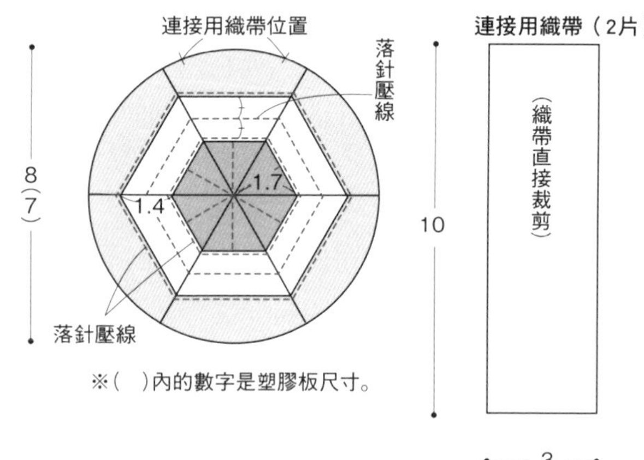

連接用織帶位置
落針壓線
1.7
1.4
8
(7)
落針壓線
※(　)內的數字是塑膠板尺寸。
連接用織帶（2片）
(織帶直接裁剪)
10
3

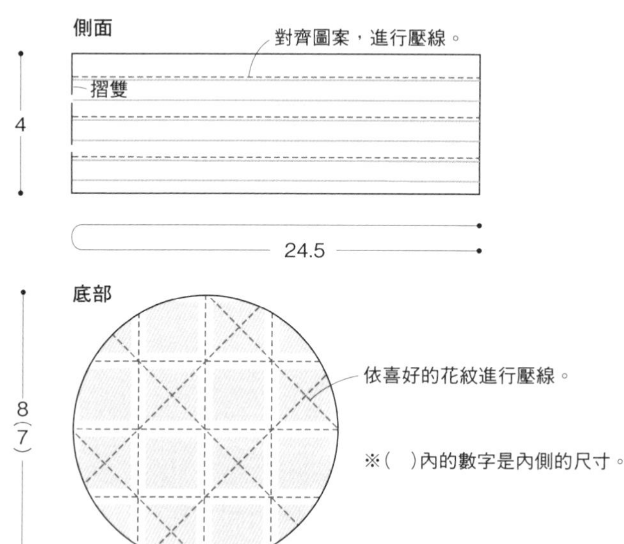

側面
對齊圖案，進行壓線。
摺雙
4
24.5
底部
8
(7)
依喜好的花紋進行壓線。
※(　)內的數字是內側的尺寸。

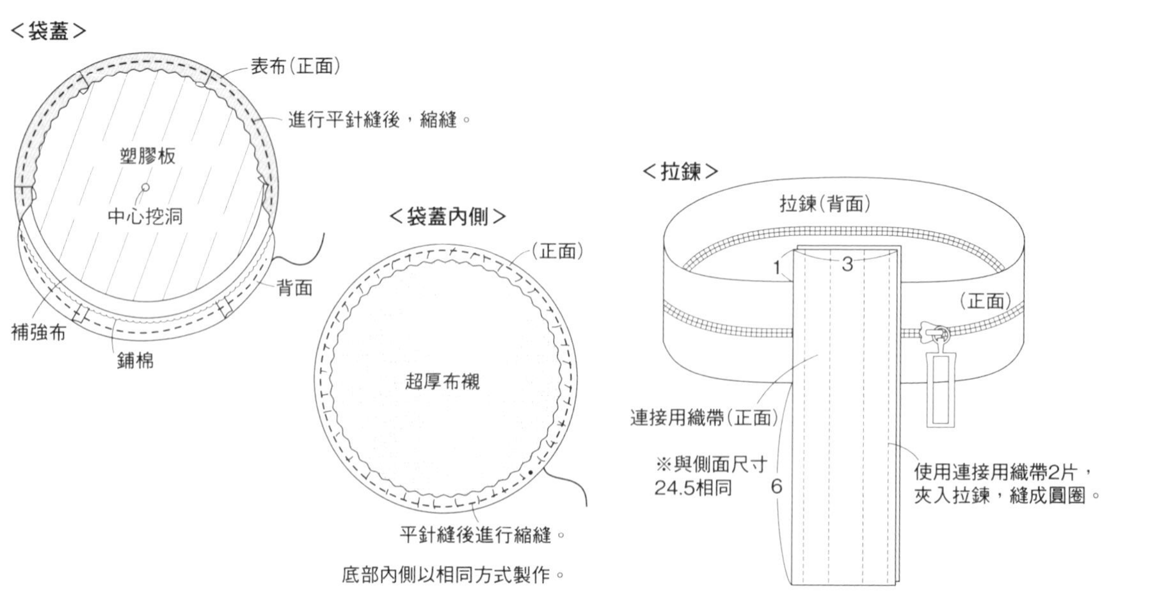

<袋蓋>
表布(正面)
進行平針縫後，縮縫。
塑膠板
中心挖洞
背面
補強布
鋪棉
<袋蓋內側>
(正面)
超厚布襯
平針縫後進行縮縫。
底部內側以相同方式製作。
<拉鍊>
拉鍊(背面)
1
3
(正面)
連接用織帶(正面)
※與側面尺寸
24.5相同
6
使用連接用織帶2片，
夾入拉鍊，縫成圓圈。

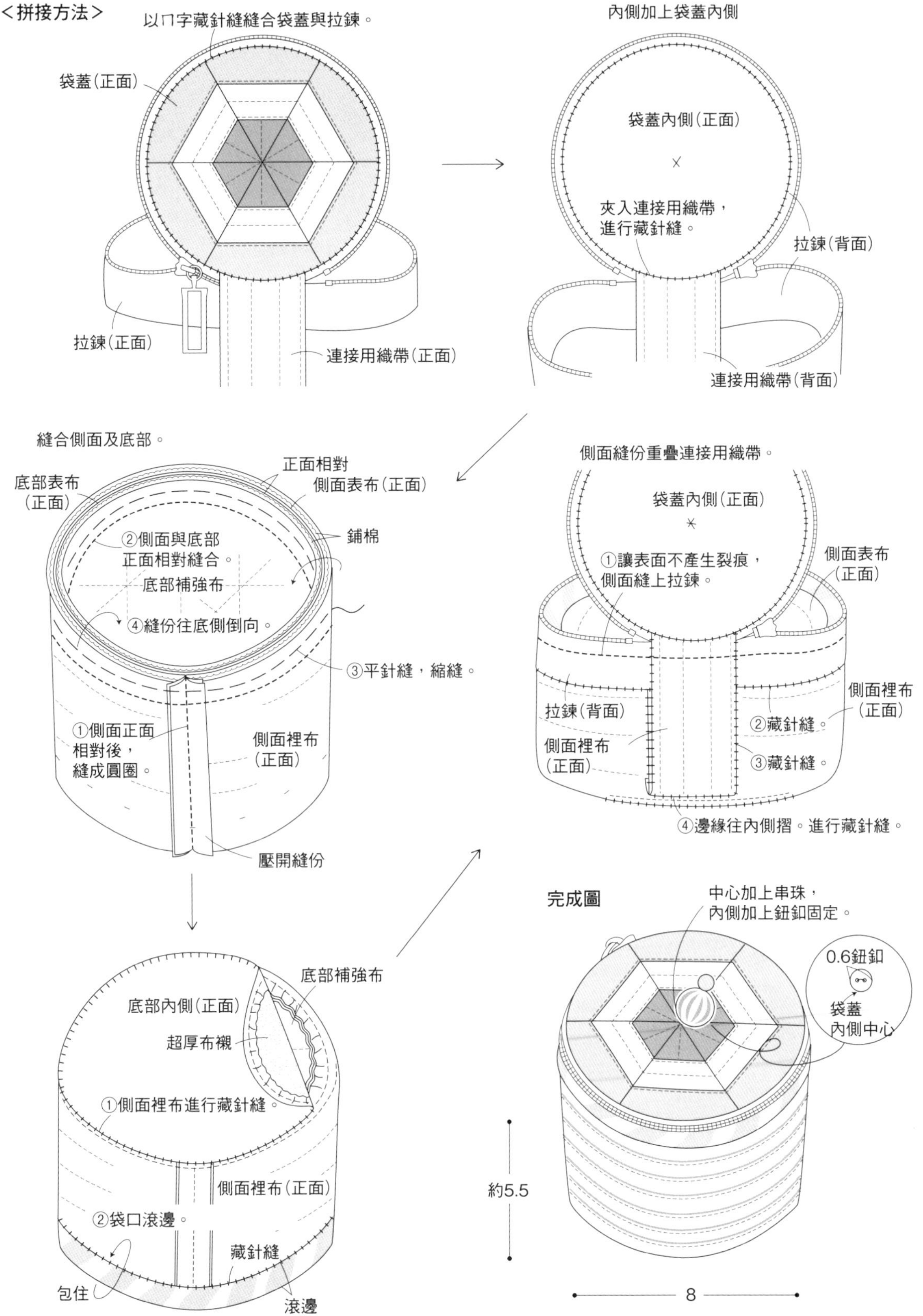

＜拼接方法＞
以ㄇ字藏針縫縫合袋蓋與拉鍊。
袋蓋(正面)
拉鍊(正面)
連接用織帶(正面)
內側加上袋蓋內側
袋蓋內側(正面)
夾入連接用織帶，
進行藏針縫。
拉鍊(背面)
連接用織帶(背面)
縫合側面及底部。
底部表布
(正面)
正面相對
側面表布(正面)
鋪棉
②側面與底部
正面相對縫合。
底部補強布
④縫份往底側倒向。
③平針縫，縮縫。
①側面正面
相對後，
縫成圓圈。
側面裡布
(正面)
壓開縫份
側面縫份重疊連接用織帶。
袋蓋內側(正面)
①讓表面不產生裂痕，
側面縫上拉鍊。
側面表布
(正面)
拉鍊(背面)
側面裡布
(正面)
②藏針縫。
③藏針縫。
側面裡布
(正面)
④邊緣往內側摺。進行藏針縫。
底部補強布
底部內側(正面)
超厚布襯
①側面裡布進行藏針縫。
側面裡布(正面)
②袋口滾邊。
藏針縫
包住
滾邊
完成圖
中心加上串珠，
內側加上鈕釦固定。
0.6鈕釦
袋蓋
內側中心
約5.5
8

17 零錢包

作品 P.32　原寸紙型 P.103

材料

拼接用布…使用零碼布（含包釦）、本體B…15×10cm、裡布·鋪棉各25×20cm
直徑1cm磁釦2個

作法

1 拼接後，製作本體A表布。
2 本體A·B表布各自與裡布正面相對，重疊鋪棉後，預留返口縫合。
3 2翻回正面，進行壓線。
4 製作縫合包釦（磁釦）。
5 對齊本體A與B，進行捲針縫。

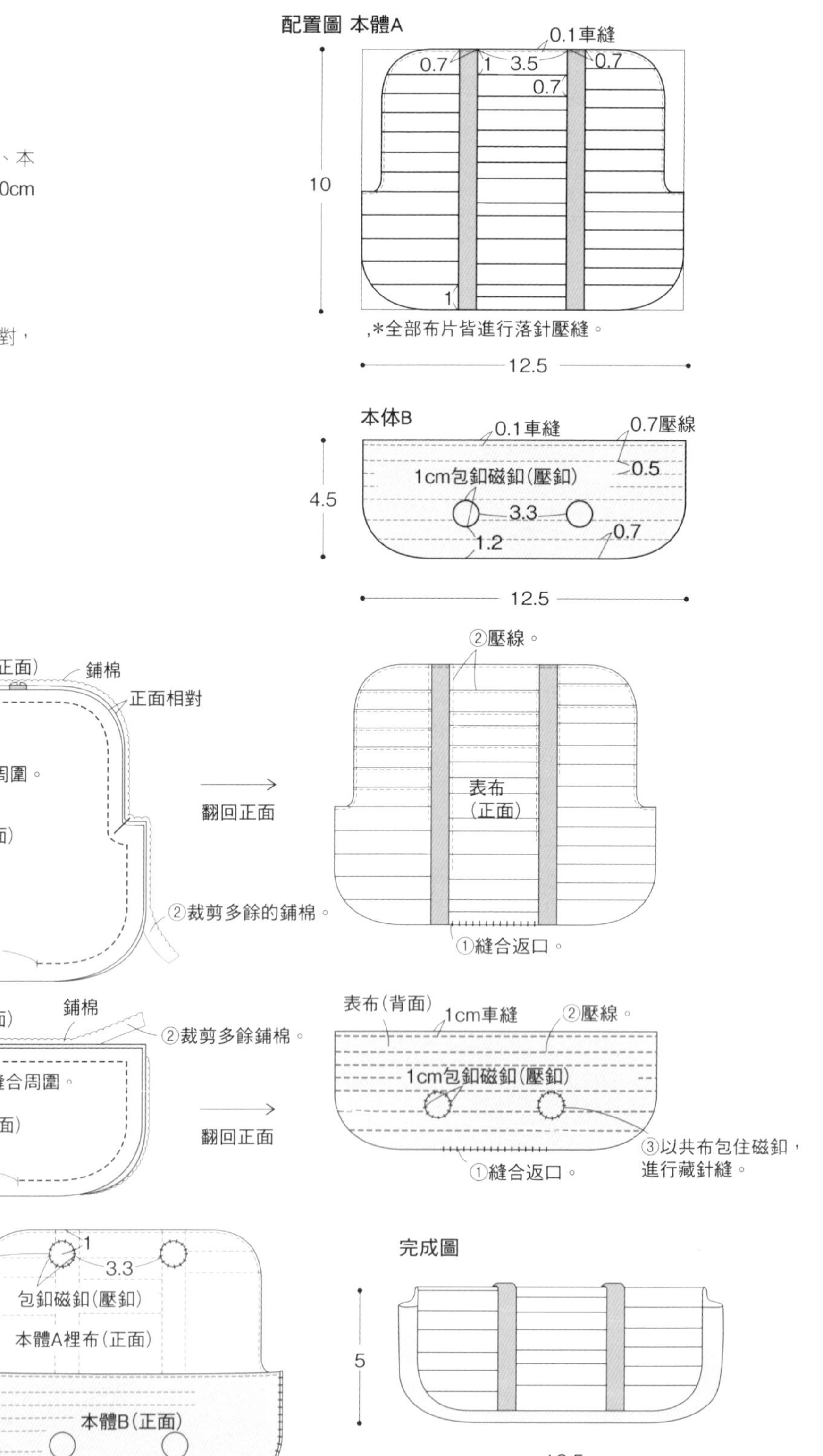

配置圖 本體A
0.1車縫
0.7
1
3.5
0.7
0.7
10
1
*全部布片皆進行落針壓縫。
12.5
本体B
0.1車縫
0.7壓線
0.5
1cm包釦磁釦(壓釦)
4.5
3.3
0.7
1.2
12.5
②壓線。
<本體A>
表布(正面)
鋪棉
正面相對
①預留返口，縫合周圍。
翻回正面
表布
(正面)
裡布(背面)
開切口
②裁剪多餘的鋪棉。
返口
①縫合返口。
<本體B>
正面相對
表布(正面)
鋪棉
②裁剪多餘鋪棉。
表布(背面)
1cm車縫
②壓線。
①預留返口，縫合周圍。
1cm包釦磁釦(壓釦)
裡布(背面)
翻回正面
③以共布包住磁釦，進行藏針縫。
返口
①縫合返口。
<拼接方法>
1
3.3
①加上包釦(磁釦)
包釦磁釦(壓釦)
本體A裡布(正面)
完成圖
5
本體B(正面)
②對齊A與B，進行捲針縫。
12.5

18 針線包

作品 P.34

材料

拼接用布…使用零碼布、薄紗13×9cm、內側布·鋪棉各15×13cm、寬2.5cm織帶25cm、寬12×6cm附圓球口金1個、25號繡線原色適量

作法

1 進行拼接與刺繡，製作表布。
2 內口袋的上下側以織帶包住，縫合。重疊內側布，縫合底部中心。
3 表布重疊鋪棉，與2正面相對重疊，預留返口，縫合周圍。
4 翻回正面，縫合返口，本體邊緣插入口金，縫合固定。

原寸紙型

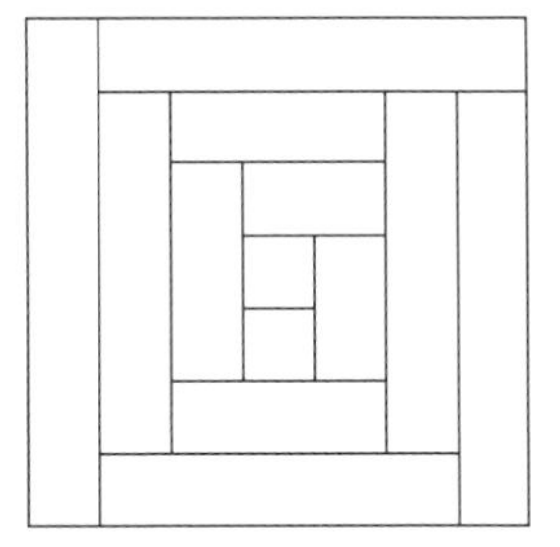

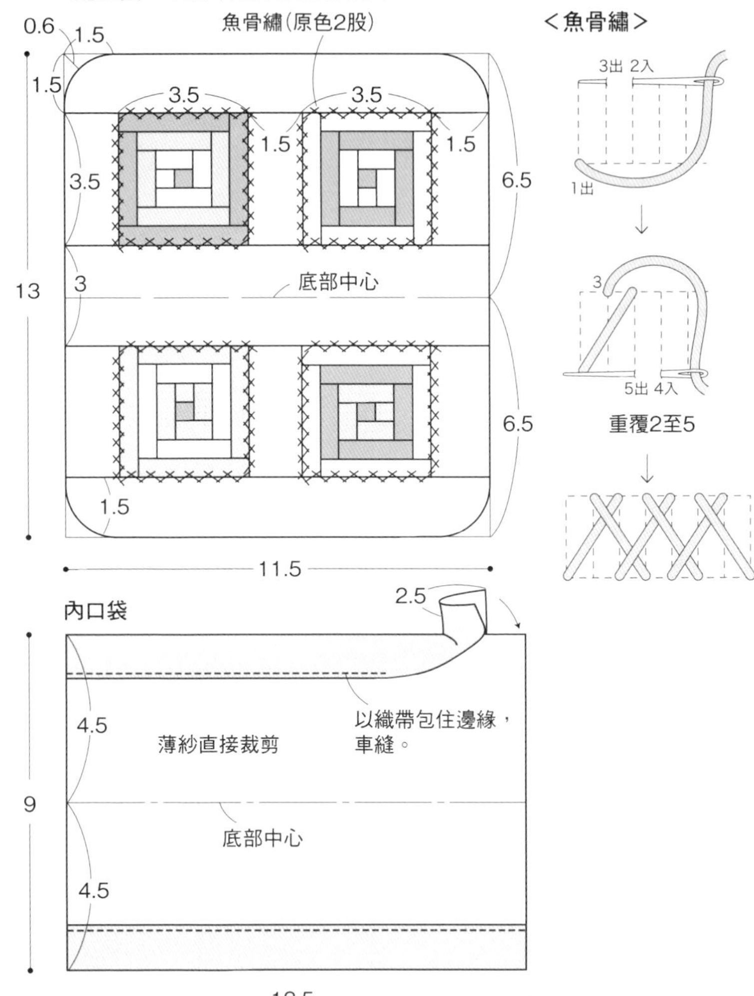

配置圖　本體（內側布相同尺寸）
魚骨繡(原色2股)
0.6
1.5
1.5
3.5
3.5
1.5
1.5
3.5
6.5
13
3
底部中心
6.5
1.5
11.5
<魚骨繡>
3出 2入
1出
3
5出 4入
重覆2至5
內口袋
2.5
4.5
薄紗直接裁剪
以織帶包住邊緣，車縫。
9
底部中心
4.5
12.5

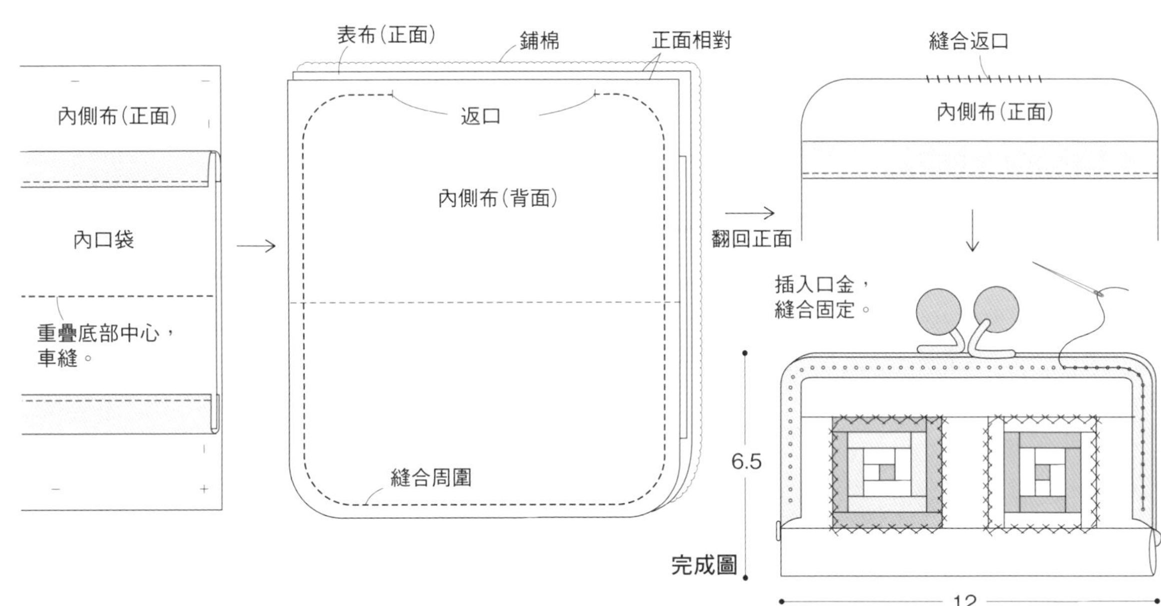

內側布(正面)
內口袋
重疊底部中心，車縫。
表布(正面)
鋪棉
正面相對
返口
內側布(背面)
縫合周圍
翻回正面
縫合返口
內側布(正面)
插入口金，縫合固定。
6.5
完成圖
12

19 作品 P.35

西瓜造型針插

材料

A：拼接·貼布縫用布…紅色格紋·白色素色各16×16cm、綠色格紋30×30cm、直徑0.8cm鈕釦10個、棉花適量

B：拼接·貼布縫用布…紅色格紋·白色素色各15×15cm、綠色格紋15×15cm、直徑0.5cm串珠8個、棉花適量

C：拼接·貼布縫用布…紅色格紋·白色素色各15×15cm、綠色格紋12×12cm、直徑0.5cm串珠6個、棉花適量

作法

1 本體製作貼布縫。
2 B與C的○記號面相對，縫合。
3 本體與底部正面相對，預留返口，縫合。
4 翻回正面，塞入棉花，縫合返口。
5 縫合固定鈕釦及串珠。

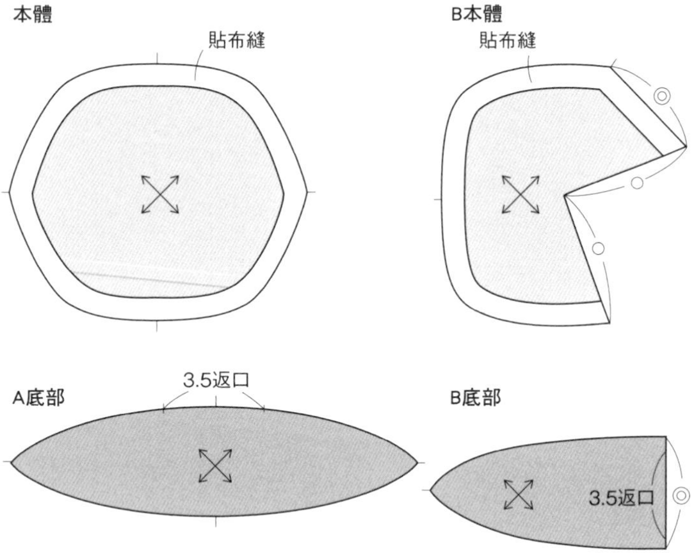

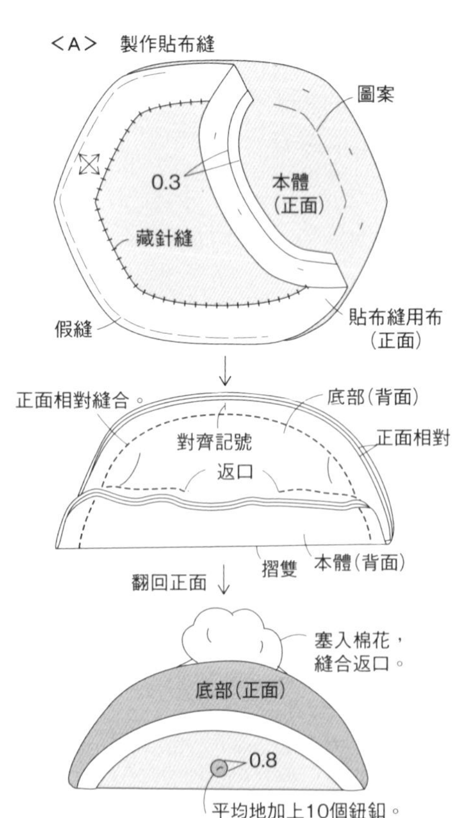

<A> 製作貼布縫
圖案
0.3
本體
(正面)
藏針縫
假縫
貼布縫用布
(正面)
正面相對縫合。
底部(背面)
對齊記號
正面相對
返口
摺雙
本體(背面)
翻回正面
塞入棉花，
縫合返口。
底部(正面)
0.8
平均地加上10個鈕釦。

本體
貼布縫

B本體
貼布縫

A底部
3.5返口

B底部
3.5返口

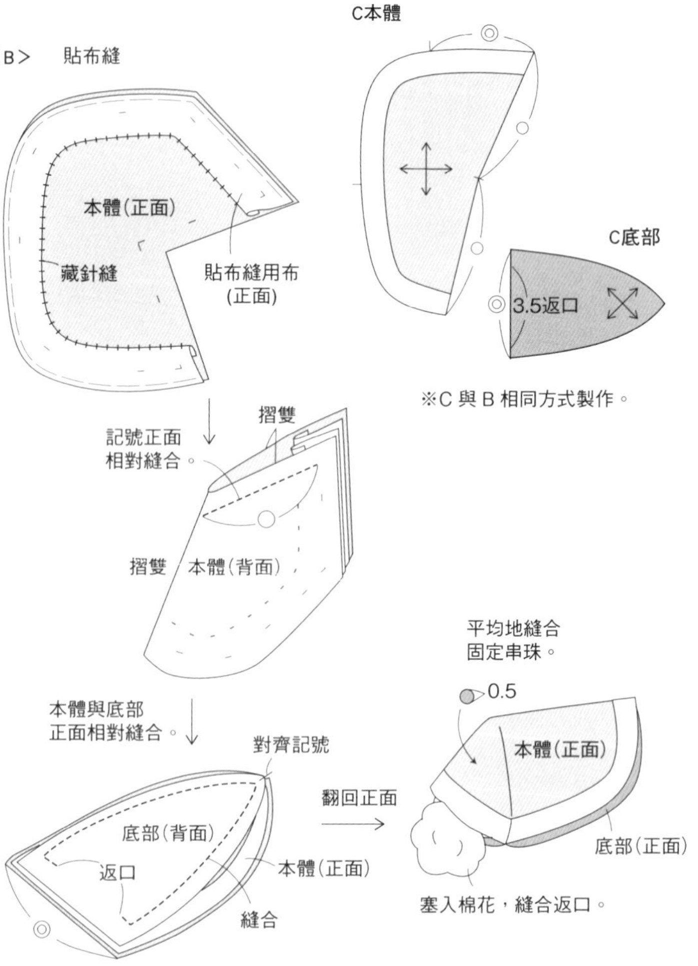

C本體

C底部
3.5返口

※C與B相同方式製作。

<B> 貼布縫

本體(正面)
藏針縫
貼布縫用布
(正面)

記號正面
相對縫合。
摺雙
摺雙
本體(背面)

本體與底部
正面相對縫合。
對齊記號
底部(背面)
返口
本體(正面)
縫合

翻回正面

平均地縫合
固定串珠。
0.5
本體(正面)
底部(正面)
塞入棉花，縫合返口。

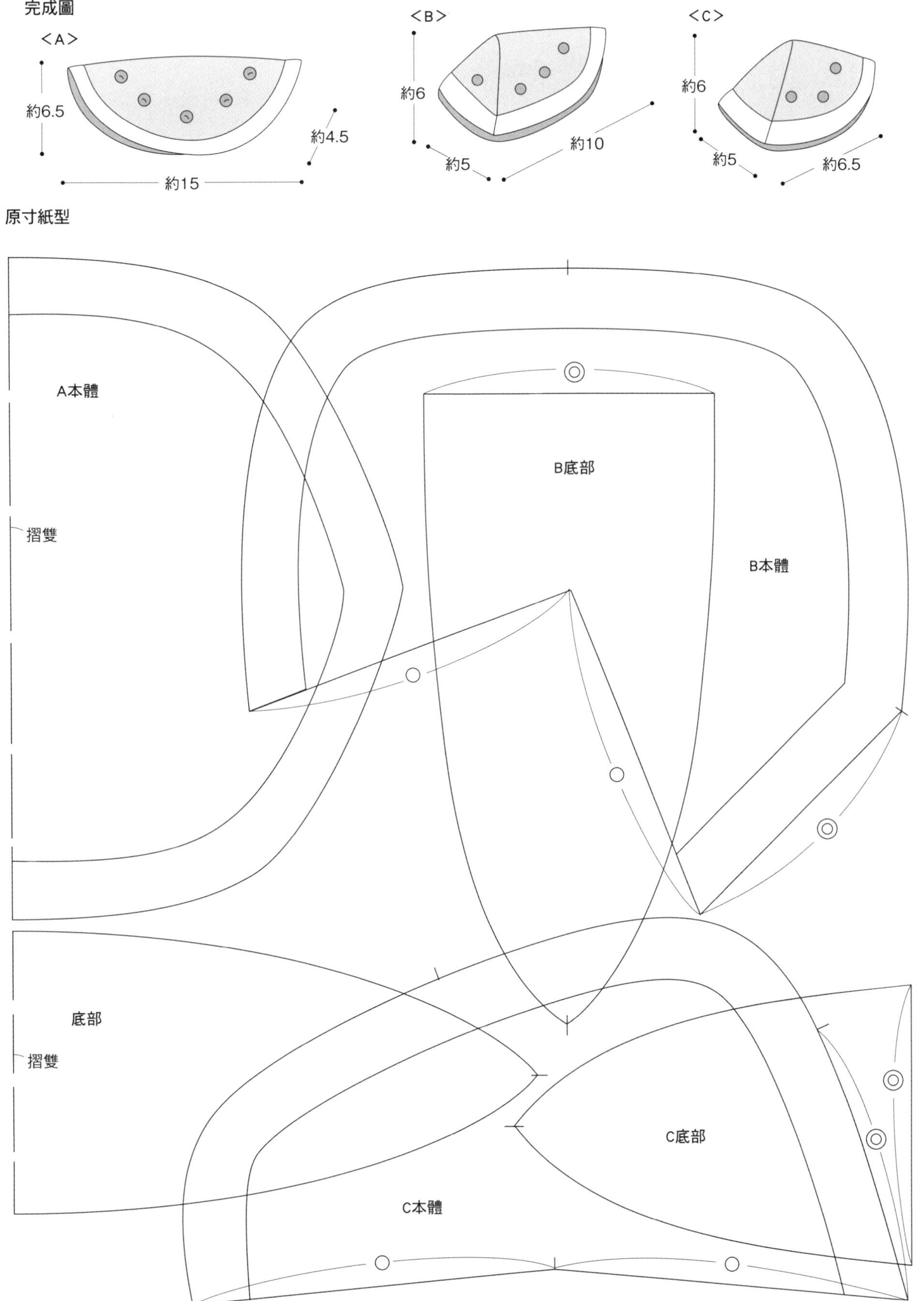
完成圖
<A>
約6.5
約4.5
約15
<B>
約6
約5
約10
<C>
約6
約5
約6.5
原寸紙型
A本體
摺雙
B底部
B本體
底部
摺雙
C底部
C本體

20

作品 P.36

奇特昆蟲零錢包

材料

底布·貼布縫用布…使用零碼布、後片·隔間2種…印花布80×20cm、內側布…20×15cm、補強布·鋪棉各30×20cm、滾邊布（斜紋布）…3.5×70cm、布襯40×30cm、自由拉鍊70cm、拉鍊頭1個、寬1.5cm緞帶10cm、25號繡線各色適量

作法

1 底布進行貼布縫及刺繡，製作前片表布。
2 1與後片表布各自重疊於鋪棉及補強布，壓線。
3 縫合前片與後片，重疊內側布。
4 製作隔間，縫合內側。
5 周圍滾邊，加上釦絆。
6 加上拉鍊，處理邊緣。

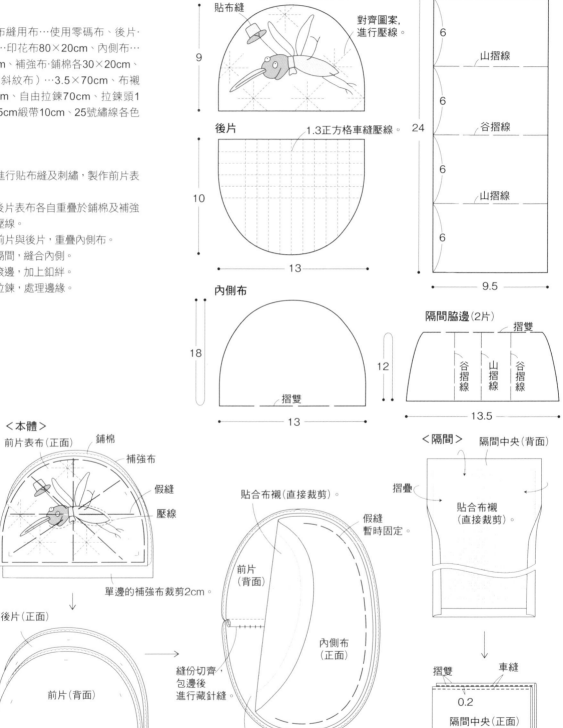

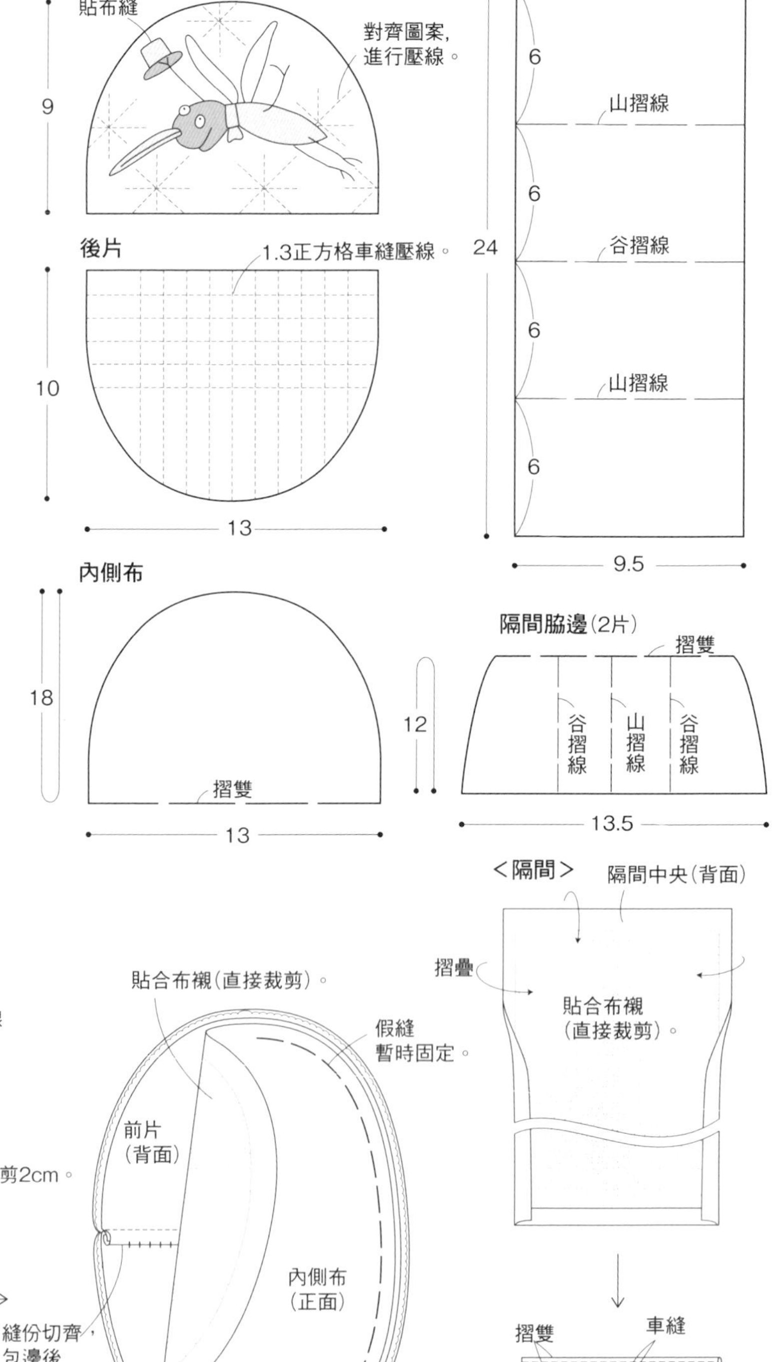

配置圖　前片
※刺繡參考原寸紙型。
※貼布縫皆進行落針壓縫。
貼布縫
對齊圖案，進行壓線。
9
後片
1.3正方格車縫壓線。
10
13
隔間中央
6
山摺線
6
谷摺線
6
山摺線
6
24
9.5
內側布
18
摺雙
13
隔間脇邊（2片）
摺雙
谷摺線
山摺線
谷摺線
12
13.5
<隔間>
隔間中央（背面）
摺疊
貼合布襯（直接裁剪）。
摺雙
車縫
0.2
隔間中央（正面）
摺疊摺線，重疊4片，進行車縫。

<本體>
前片表布（正面）
鋪棉
補強布
假縫
壓線
單邊的補強布裁剪2cm。
後片（正面）
前片（背面）
縫合
正面相對
貼合布襯（直接裁剪）。
假縫暫時固定。
前片（背面）
內側布（正面）
縫份切齊，包邊後進行藏針縫。
後片（背面）

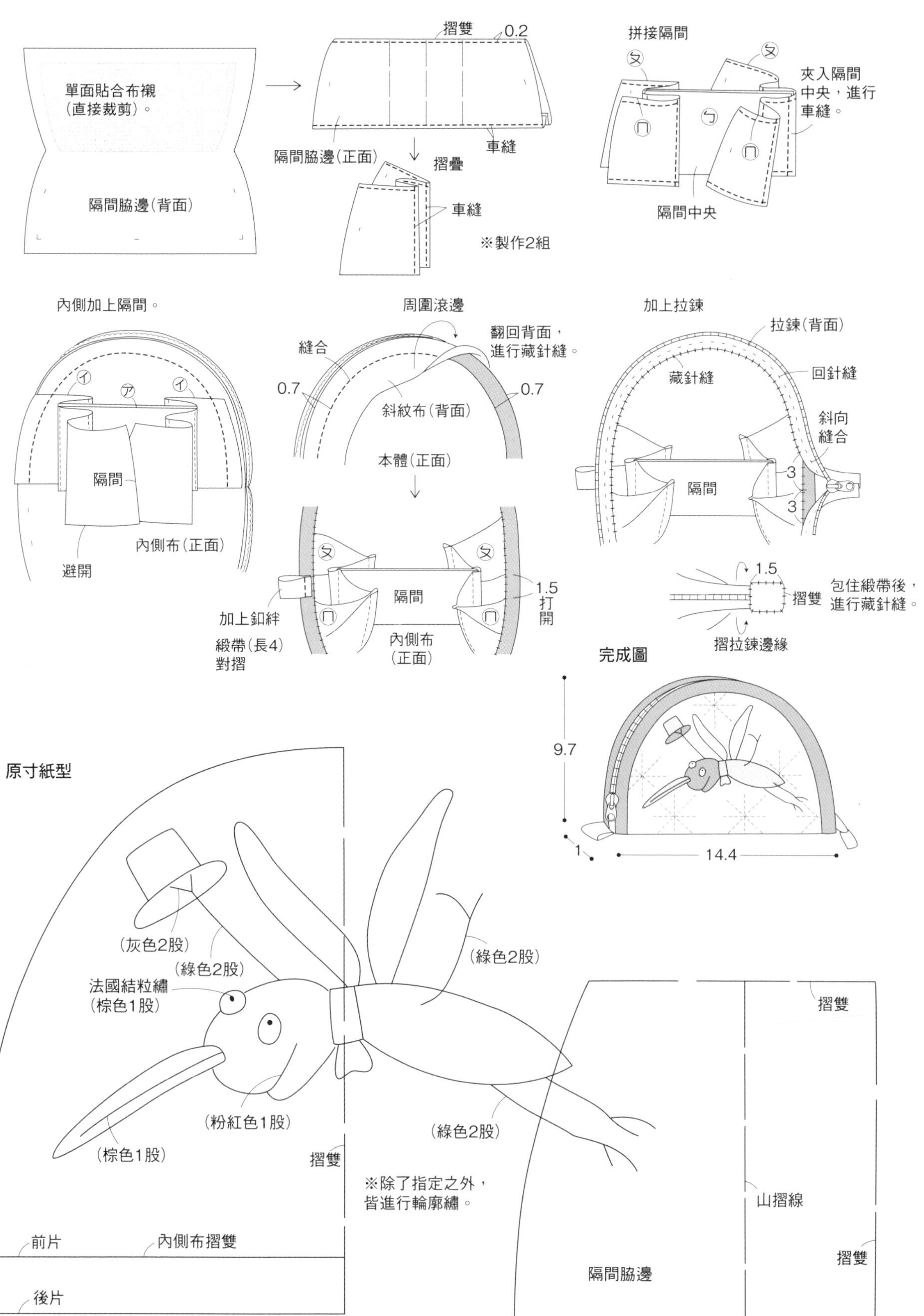

單面貼合布襯
(直接裁剪)。
隔間脇邊(背面)
摺雙
0.2
隔間脇邊(正面)
車縫
摺疊
車縫
※製作2組
拼接隔間
夾入隔間
中央，進行
車縫。
隔間中央
內側加上隔間。
隔間
內側布(正面)
避開
周圍滾邊
縫合
翻回背面，
進行藏針縫。
0.7
斜紋布(背面)
0.7
本體(正面)
隔間
1.5
打開
加上釦絆
緞帶(長4)
對摺
內側布
(正面)
加上拉鍊
拉鍊(背面)
藏針縫
回針縫
斜向
縫合
3
隔間
3
1.5
摺雙
包住緞帶後，
進行藏針縫。
摺拉鍊邊緣
完成圖
9.7
1
14.4
原寸紙型
(灰色2股)
(綠色2股)
法國結粒繡
(棕色1股)
(綠色2股)
(粉紅色1股)
(棕色1股)
(綠色2股)
摺雙
※除了指定之外，
皆進行輪廓繡。
前片
內側布摺雙
後片
摺雙
山摺線
摺雙
隔間脇邊

21 作品 P.38

海洋插畫風隨身包

材料

底布…40×20cm、貼布縫用布…15×10cm、裡布·鋪棉各40×30cm（含口袋）、底部·補強布各20×10cm、布襯·厚布襯·雙膠布襯各15×5cm、滾邊（斜紋布）3.5×35cm、寬0.5cm的扁繩12cm、寬2cm的扁帶30cm、肩背帶提把1條、25號繡線各色適量

作法

1 底布進行貼布縫及刺繡。
2 1重疊鋪棉及裡布，壓線，進行藏針縫。
3 本體縫成圓形，使用裡布包住縫份，進行藏針縫。
4 加上口袋。
5 底部表布重疊鋪棉、補強布，壓線，與本體對齊縫合。
6 底部裡布貼上厚布襯，加上本體底部。
7 本體袋口加上釦絆，進行滾邊。
8 加上提把。

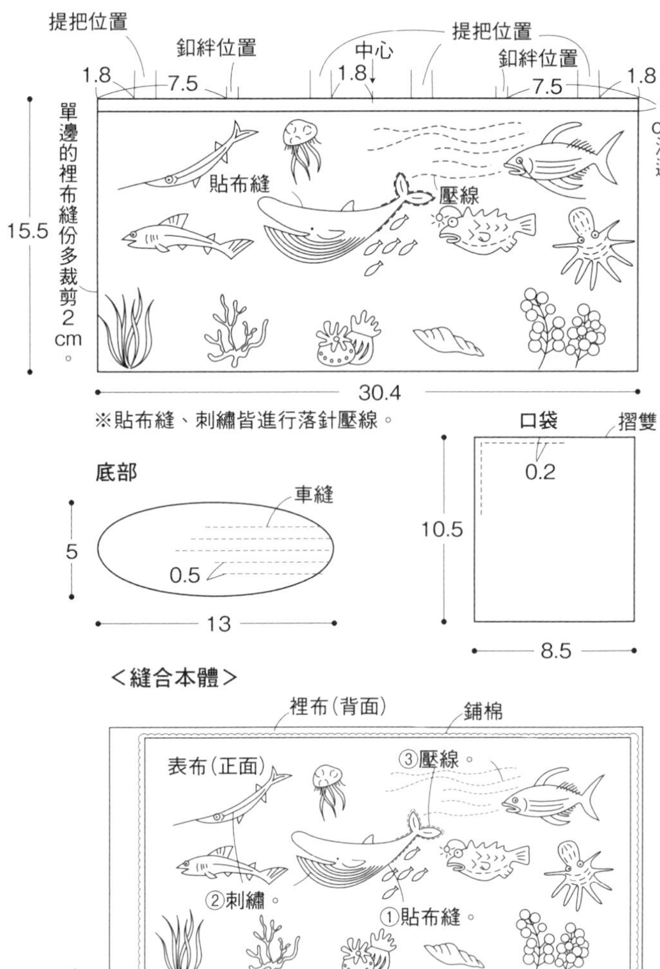

配置圖　本體
提把位置
釦絆位置
中心
提把位置
釦絆位置
1.8
7.5
1.8
7.5
1.8
1
cm
滾邊
單邊的裡布縫份多裁剪2cm。
15.5
貼布縫
壓線
30.4
※貼布縫、刺繡皆進行落針壓線。
口袋
摺雙
0.2
10.5
8.5
底部
車縫
5
0.5
13
<縫合本體>
裡布（背面）
鋪棉
表布（正面）
③壓線。
②刺繡。
①貼布縫。

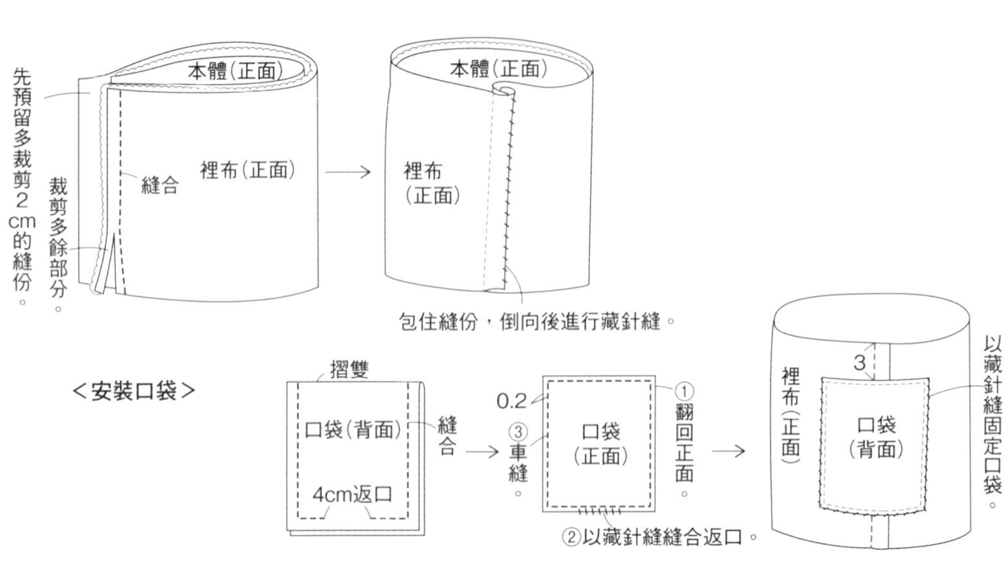

本體（正面）
先預留多裁剪2cm的縫份。
裁剪多餘部分。
縫合
裡布（正面）
本體（正面）
裡布（正面）
包住縫份，倒向後進行藏針縫。
<安裝口袋>
摺雙
口袋（背面）
縫合
4cm返口
0.2
③車縫。
口袋（正面）
①翻回正面。
②以藏針縫縫合返口。
3
裡布（正面）
口袋（背面）
以藏針縫固定口袋。

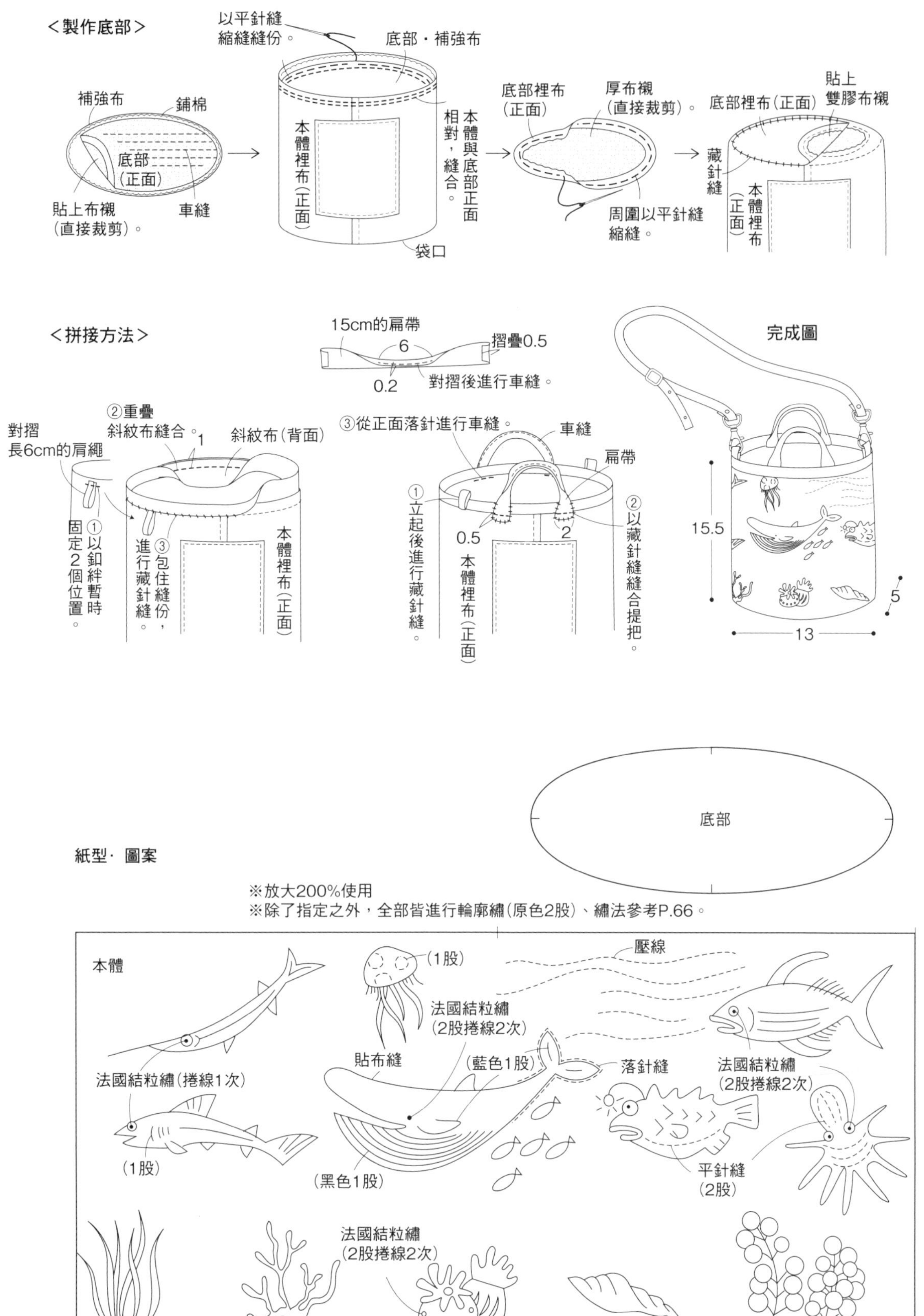

＜製作底部＞
以平針縫
縮縫縫份。
底部・補強布
補強布
鋪棉
底部
(正面)
貼上布襯
(直接裁剪)。
車縫
本體裡布(正面)
本體與底部正面相對，縫合。
袋口
底部裡布
(正面)
厚布襯
(直接裁剪)。
周圍以平針縫
縮縫。
底部裡布(正面)
貼上
雙膠布襯
藏針縫
本體裡布(正面)
＜拼接方法＞
15cm的扁帶
6
摺疊0.5
0.2
對摺後進行車縫。
對摺
長6cm的肩繩
②重疊
斜紋布縫合。
1
斜紋布(背面)
①以釦絆暫時固定2個位置。
③包住縫份，進行藏針縫。
本體裡布(正面)
③從正面落針進行車縫。
車縫
扁帶
①立起後進行藏針縫。
0.5
2
本體裡布(正面)
②以藏針縫縫合提把。
完成圖
15.5
5
13
底部
紙型・圖案
※放大200%使用
※除了指定之外，全部皆進行輪廓繡(原色2股)、繡法參考P.66。
本體
(1股)
壓線
法國結粒繡
(2股捲線2次)
貼布縫
(藍色1股)
落針縫
法國結粒繡
(2股捲線2次)
法國結粒繡(捲線1次)
(1股)
(黑色1股)
平針縫
(2股)
法國結粒繡
(2股捲線2次)

22 作品P.40　圖案P.103

捲筒衛生紙盒

材料

底布…先染布條紋20×50cm、上蓋…先染布圓點20×20cm、貼布縫用布…使用零碼布、裡布·鋪棉各20×70cm、滾邊布（斜紋布）…2種各3.5×45cm、厚布襯15×15cm、內徑2.6cm雞眼釦1個、25號繡線各色適量

作法

1 底布進行貼布縫、刺繡，製作側面表布。
2 1重疊鋪棉及裡布，進行壓線。
3 側面縫成圓形，處理縫份。
4 上蓋表布重疊鋪棉及貼上厚布襯的裡布，進行壓線，中間裁剪出圓形，車縫邊緣。
5 本體底側進行滾邊，上側與上蓋正面相對縫合，周圍進行滾邊。
6 上蓋嵌入雞眼釦。

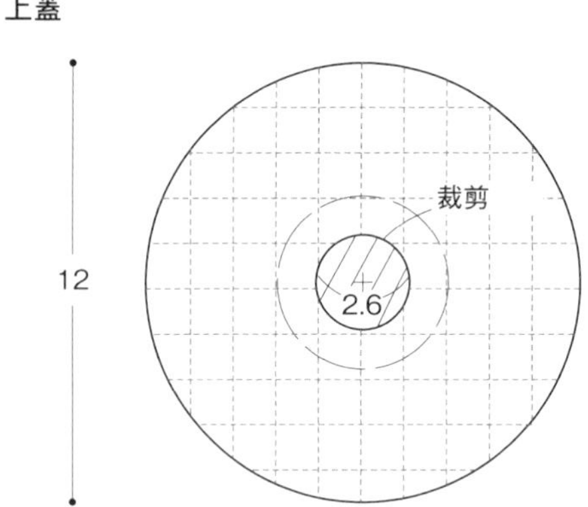
上蓋
裁剪
12
2.6

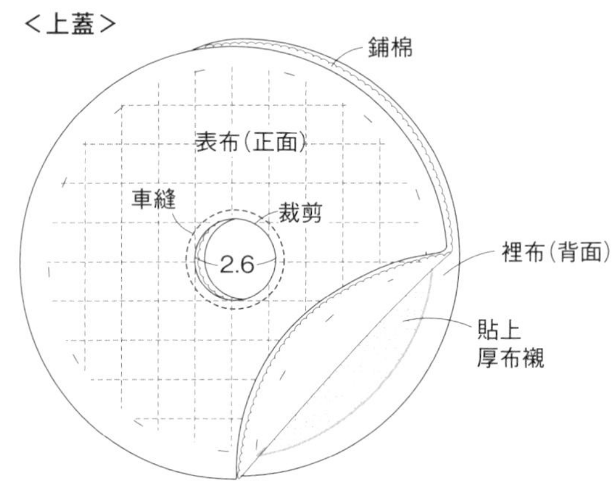
<上蓋>
鋪棉
表布(正面)
車縫
裁剪
2.6
裡布(背面)
貼上
厚布襯

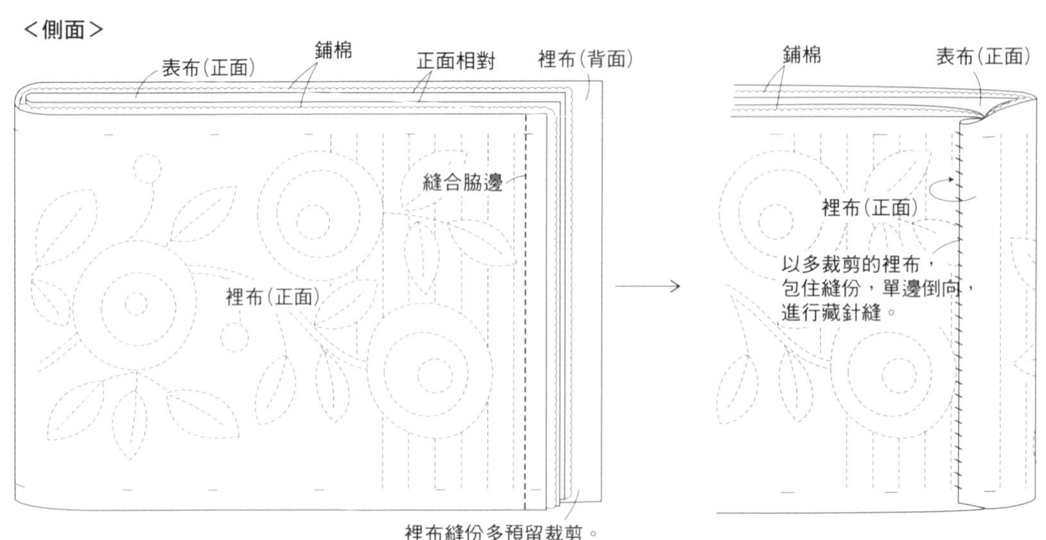
<側面>
表布(正面)
鋪棉
正面相對
裡布(背面)
縫合脇邊
裡布(正面)
裡布縫份多預留裁剪。
鋪棉
表布(正面)
裡布(正面)
以多裁剪的裡布，
包住縫份，單邊倒向，
進行藏針縫。

配置圖

側面（本體）

※刺繡皆進行輪廓繡。

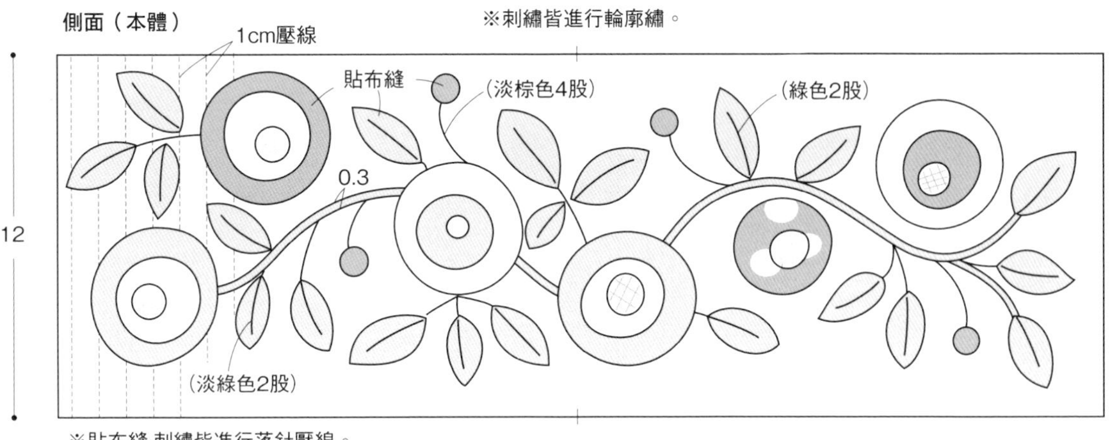

1cm壓線
貼布縫
(淡棕色4股)
(綠色2股)
0.3
12
(淡綠色2股)

※貼布縫·刺繡皆進行落針壓線。

38

<拼接方法>

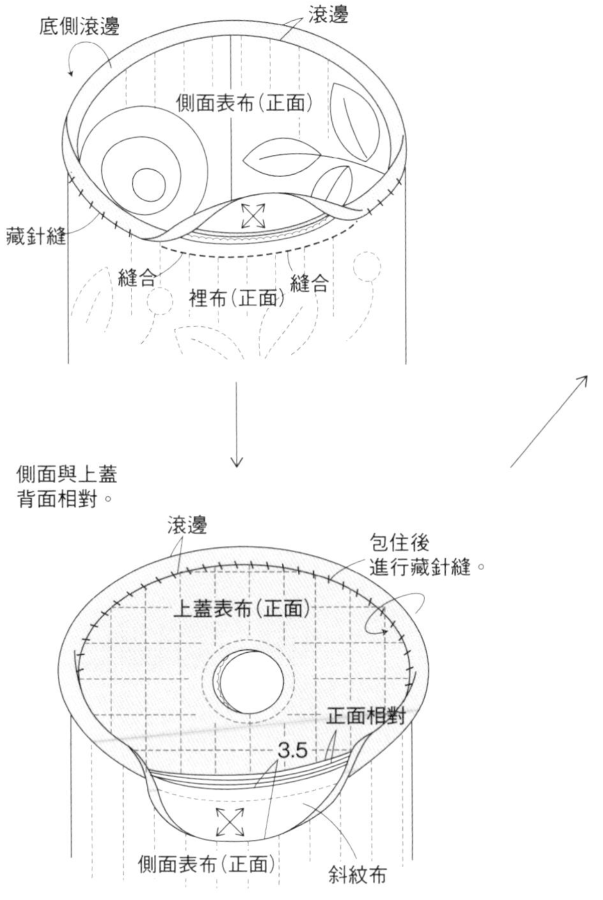

底側滾邊

滾邊

側面表布(正面)

藏針縫

縫合

裡布(正面)

縫合

上蓋布(正面)

嵌入
雞眼釦

側面表布(正面)

側面與上蓋
背面相對。

滾邊

包住後
進行藏針縫。

上蓋表布(正面)

正面相對

3.5

側面表布(正面)

斜紋布

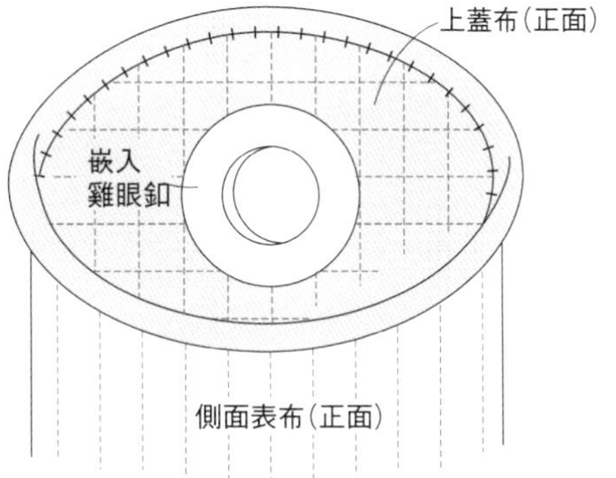

完成圖

12.7

12

23 眼鏡袋

作品 P.41

材料

底布⋯嘉頓格布25×20cm（含後片）、貼布縫用布·釦絆⋯使用零碼布、裡布·鋪棉各30×25cm、滾邊布（斜紋布）2.5×35cm、25號繡線各色適量

作法

1 底布進行貼布縫及刺繡，製作前片表布。
2 前·後片表布重疊裡布、鋪棉後縫合，翻回正面，進行壓線。
3 前·後片各自加上拉鍊。
4 縫合底部，進行滾邊。
5 拉鍊邊緣加上釦絆。

配置圖 前・後片

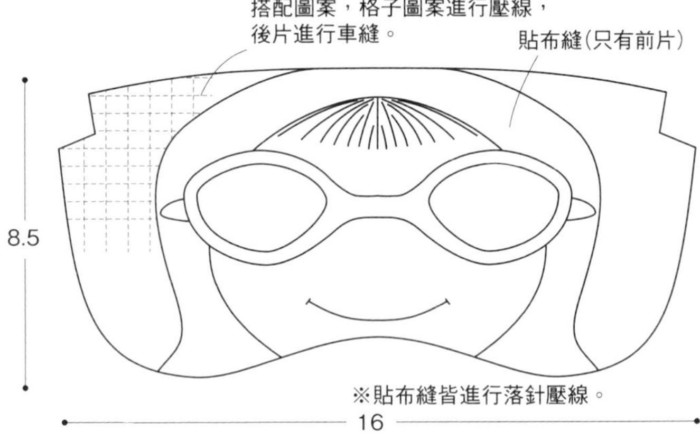

搭配圖案，格子圖案進行壓線，
後片進行車縫。
貼布縫(只有前片)
8.5
※貼布縫皆進行落針壓線。
16

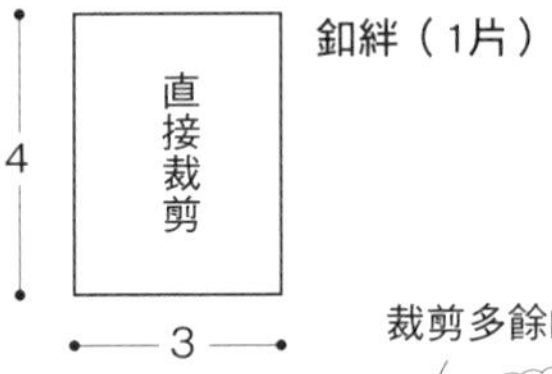

釦絆（1片）

直接裁剪

4

3

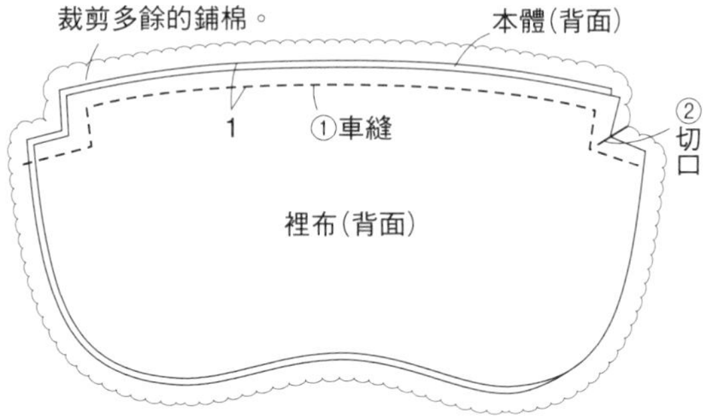

裁剪多餘的鋪棉。

本體(背面)

1

①車縫

②切口

裡布(背面)

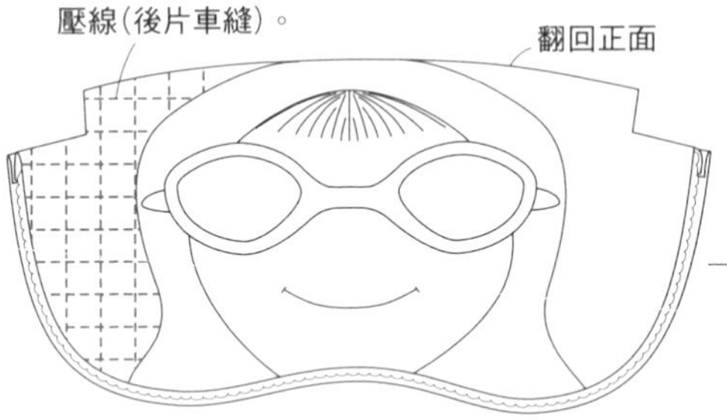

壓線(後片車縫)。

翻回正面

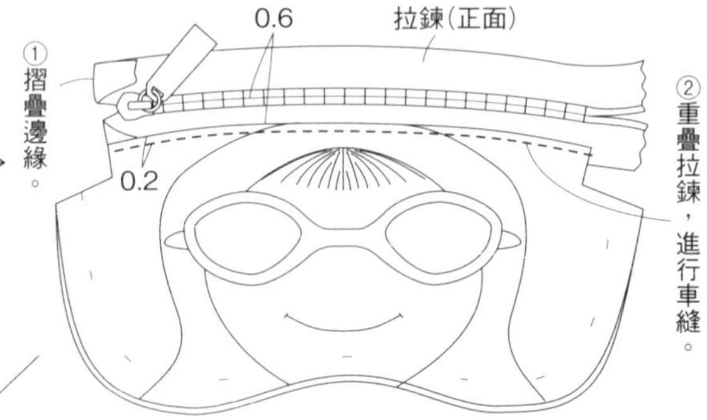

①摺疊邊緣。

0.6

拉鍊(正面)

0.2

②重疊拉鍊，進行車縫。

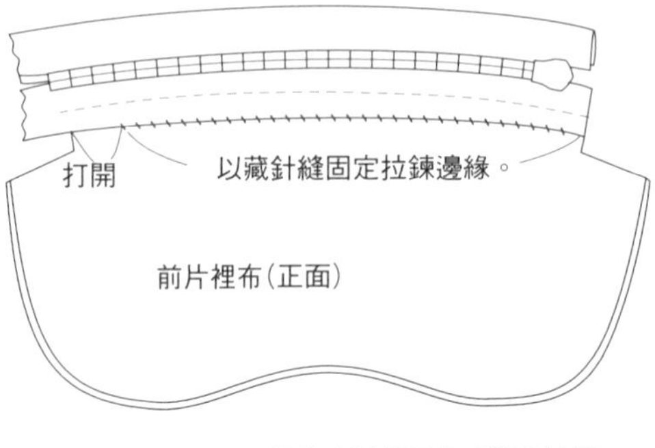

打開

以藏針縫固定拉鍊邊緣。

前片裡布(正面)

※後片也以相同方式縫合拉鍊。

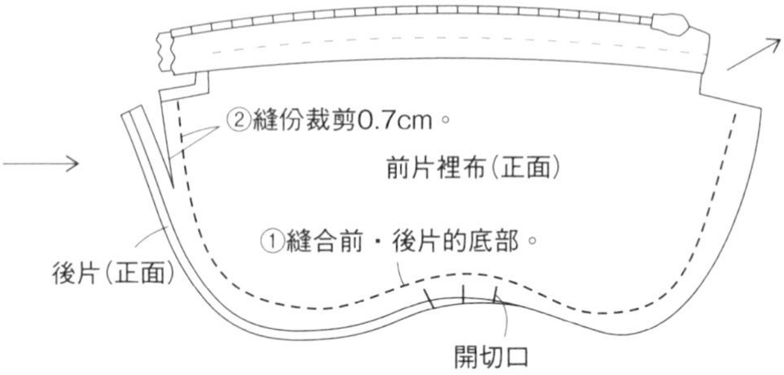

②縫份裁剪0.7cm。

前片裡布(正面)

①縫合前・後片的底部。

後片(正面)

開切口

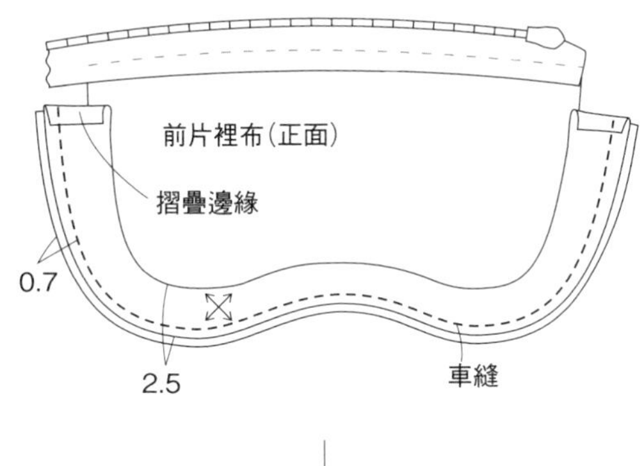
前片裡布(正面)
摺疊邊緣
0.7
2.5
車縫

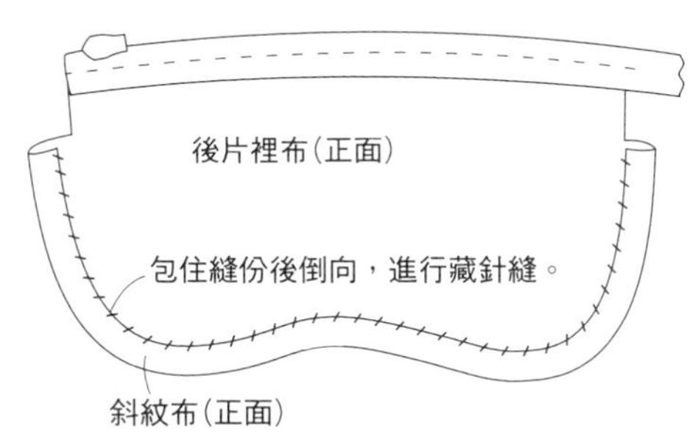
後片裡布(正面)
包住縫份後倒向，進行藏針縫。
斜紋布(正面)

＜釦絆縫法＞

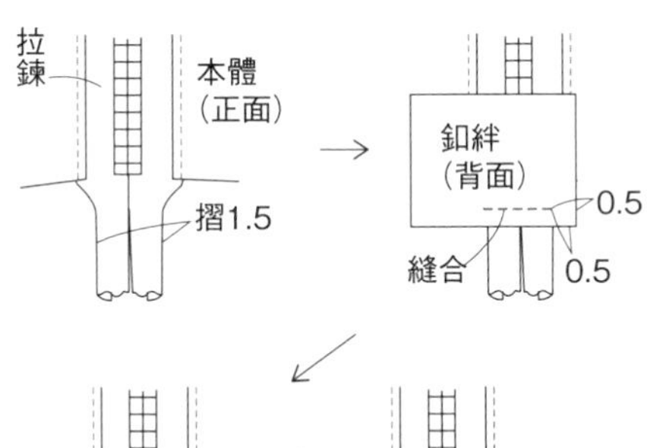
拉鍊
本體
(正面)
摺1.5
釦絆
(背面)
0.5
縫合
0.5

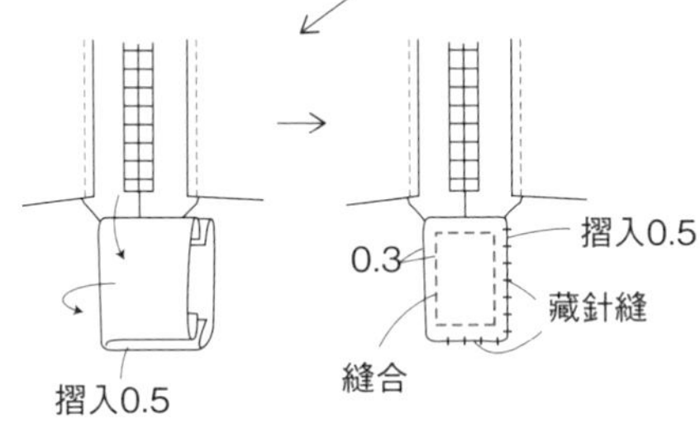
摺入0.5
0.3
摺入0.5
藏針縫
縫合

完成圖

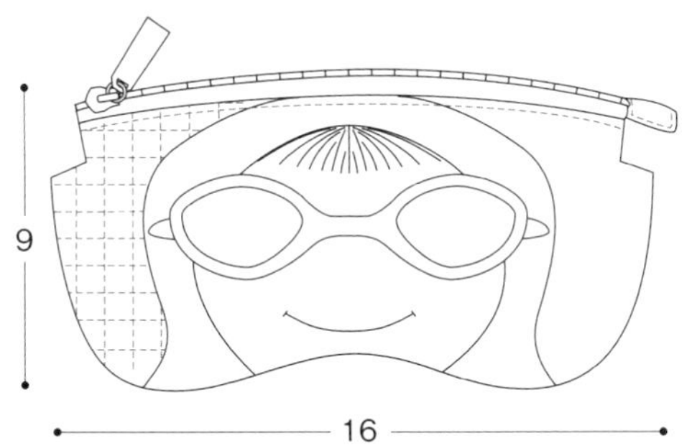
9
16

原寸紙型

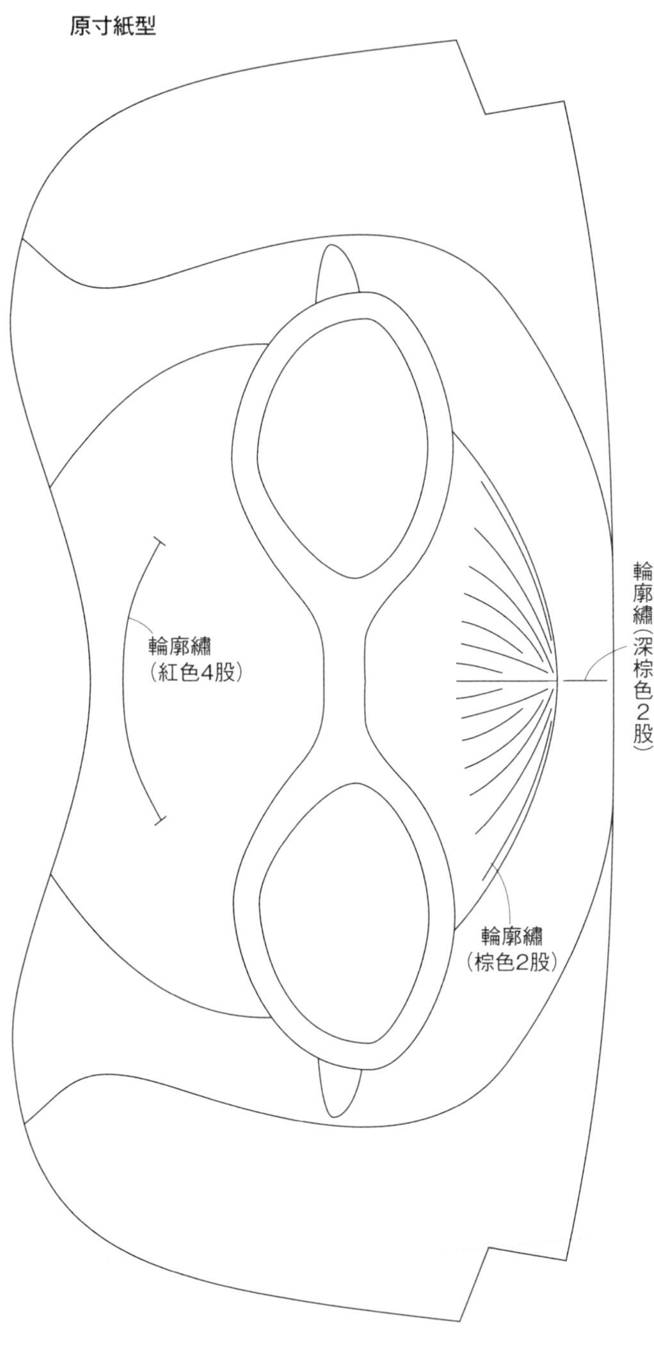
輪廓繡
(紅色4股)
輪廓繡(深棕色2股)
輪廓繡
(棕色2股)

24 作品 P.42

手機袋

材料

底布·肩背帶…條紋25×120cm、貼布縫用布…使用零碼布、側身·後片…圓點45×25cm、裡布·鋪棉各50×35cm、25號繡線白色適量、寬12×6cm附圓球口金1個

作法

1 底布進行貼布縫與刺繡，製作前片表布。
2 1與裡布及鋪棉正面相對，預留返口，縫合周圍。
3 翻回正面，進行壓線。後片與側身以相同方法縫合。
4 前·後片與側身正面相對，以捲針縫方式組合。
5 加上口金。製作肩背帶，縫合固定後片。

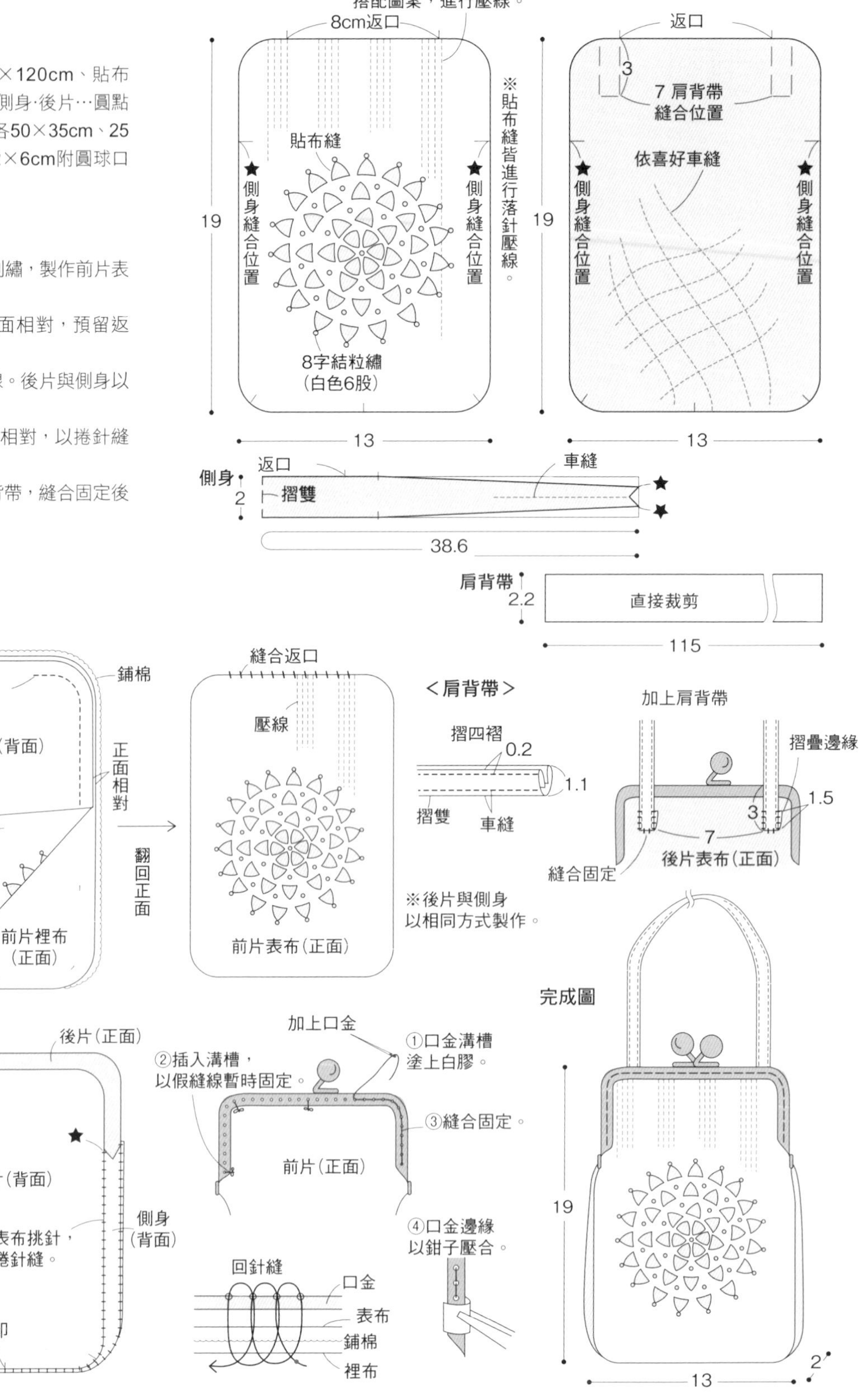

配置圖　前片
搭配圖案，進行壓線。
8cm返口
※貼布縫皆進行落針壓線。
貼布縫
★側身縫合位置
8字結粒繡
(白色6股)
19
13
後片
返口
3
7 肩背帶
縫合位置
依喜好車縫
側身
返口
2
摺雙
車縫
38.6
肩背帶
2.2
直接裁剪
115
<前片>
鋪棉
返口
前片表布(背面)
正面相對
縫合
前片裡布
(正面)
翻回正面
縫合返口
壓線
前片表布(正面)
<肩背帶>
摺四褶
0.2
1.1
摺雙
車縫
※後片與側身
以相同方式製作。
加上肩背帶
摺疊邊緣
1.5
3
7
縫合固定
後片表布(正面)
完成圖
<拼接方法>
後片(正面)
前片(背面)
側身
(背面)
僅於表布挑針，
進行捲針縫。
對齊合印
加上口金
①口金溝槽
塗上白膠。
②插入溝槽，
以假縫線暫時固定。
③縫合固定。
前片(正面)
④口金邊緣
以鉗子壓合。
回針縫
口金
表布
鋪棉
裡布
19
13
2

<8字結粒繡>

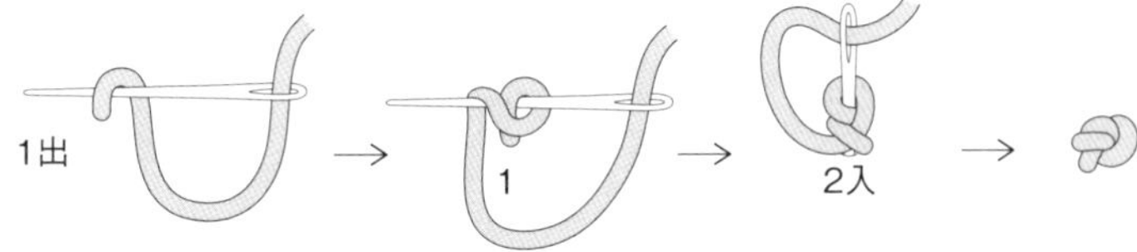
1出
1
2入

原寸紙型

25 作品 P.44 圖案 P.103

保特瓶袋

材料

底布…30×25cm、貼布縫用布…使用零碼布、側身·底部…印花布、先染布等45×25cm、提把用布 25×10cm、鋪棉·裡布各55×30cm（含補強布）、滾邊布（斜紋布）…3.5×60cm、布襯2×20cm

作法

1 底布進行貼布縫。拼接後，製作本體表布。
2 1與鋪棉及裡布重疊，壓線。
3 袋口滾邊，縫合本體脇邊。處理縫份。
4 製作側身，縫合。
5 製作提把，安裝於本體。

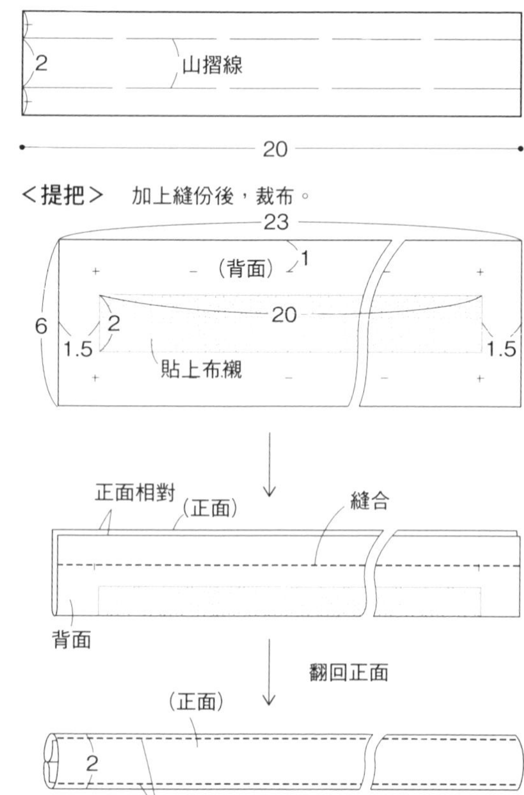

提把
4
2
山摺線
20
<提把> 加上縫份後，裁布。
23
(背面)
1
20
6
2
1.5
1.5
貼上布襯
正面相對
(正面)
縫合
背面
翻回正面
(正面)
2
布邊進行車縫

配置圖

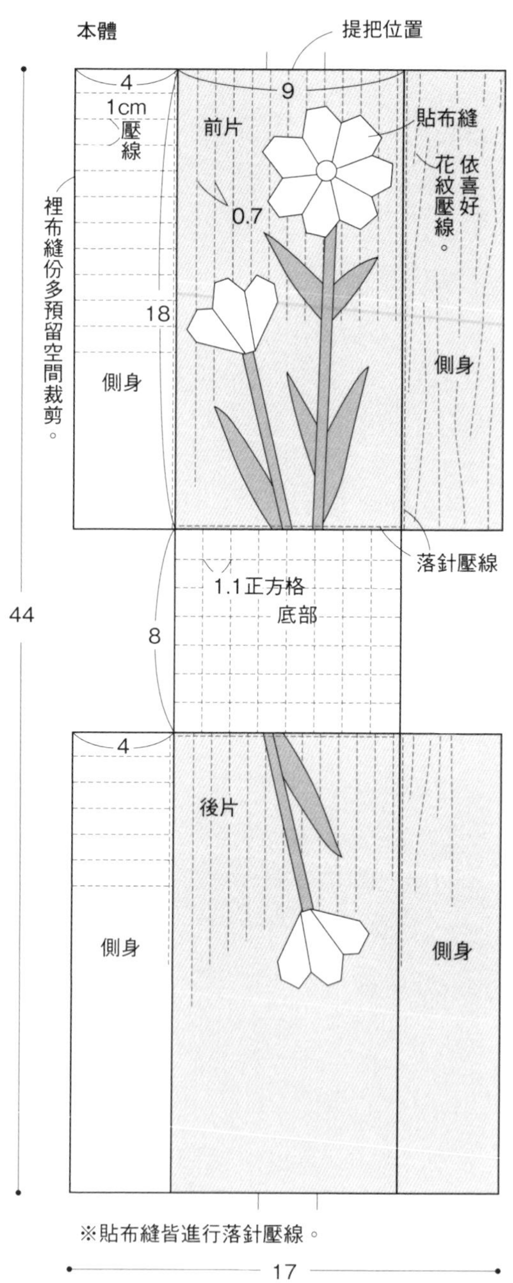

本體
提把位置
4
9
1cm
壓線
前片
貼布縫
依喜好花紋壓線。
0.7
裡布縫份多預留空間裁剪。
18
側身
側身
落針壓線
1.1正方格
底部
44
8
4
後片
側身
側身
※貼布縫皆進行落針壓線。
17

紙型· 圖案

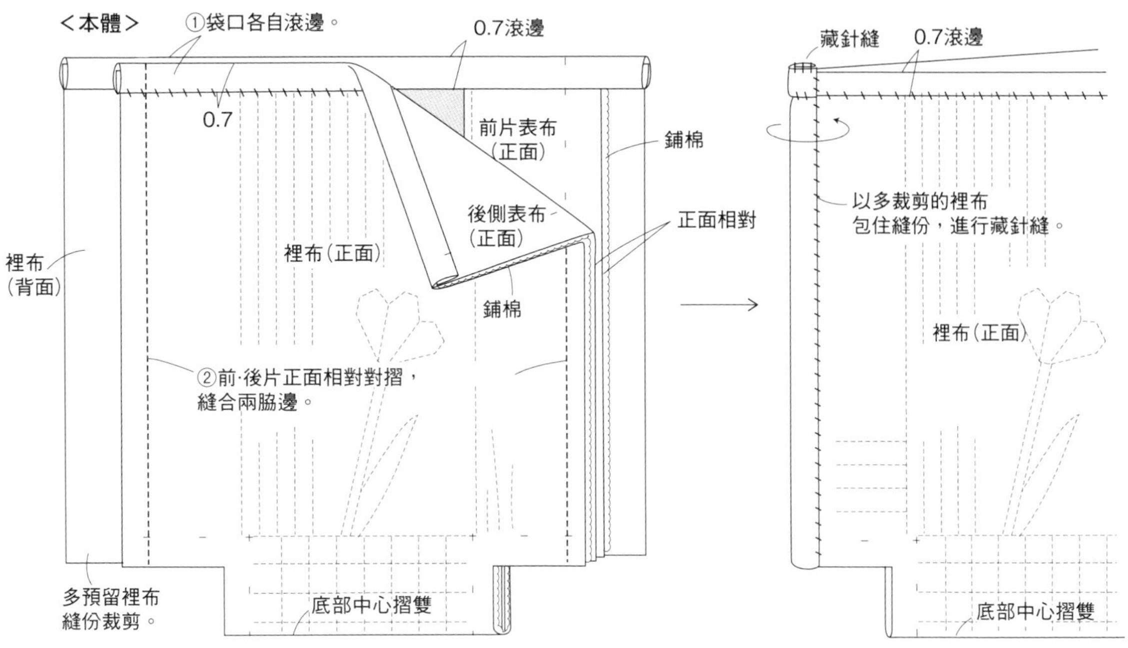

＜本體＞
①袋口各自滾邊。
0.7滾邊
0.7
前片表布
（正面）
鋪棉
後側表布
（正面）
正面相對
裡布
（背面）
裡布（正面）
鋪棉
②前·後片正面相對對摺，
縫合兩脇邊。
多預留裡布
縫份裁剪。
底部中心摺雙
藏針縫
0.7滾邊
以多裁剪的裡布
包住縫份，進行藏針縫。
裡布（正面）
底部中心摺雙

＜製作側身＞

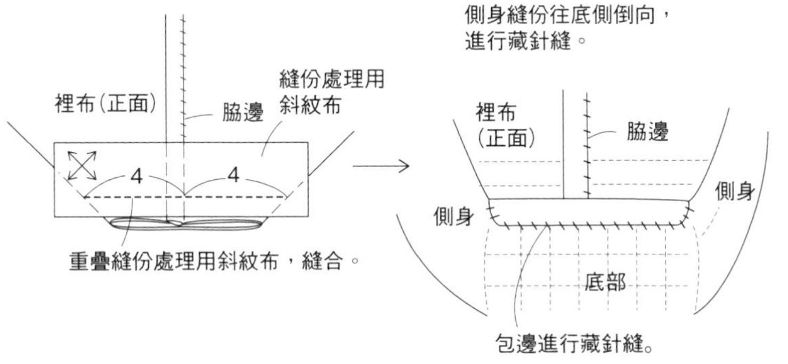

裡布（正面）

脇邊

縫份處理用
斜紋布

4

4

重疊縫份處理用斜紋布，縫合。

側身縫份往底側倒向，
進行藏針縫。

裡布
（正面）

脇邊

側身

側身

底部

包邊進行藏針縫。

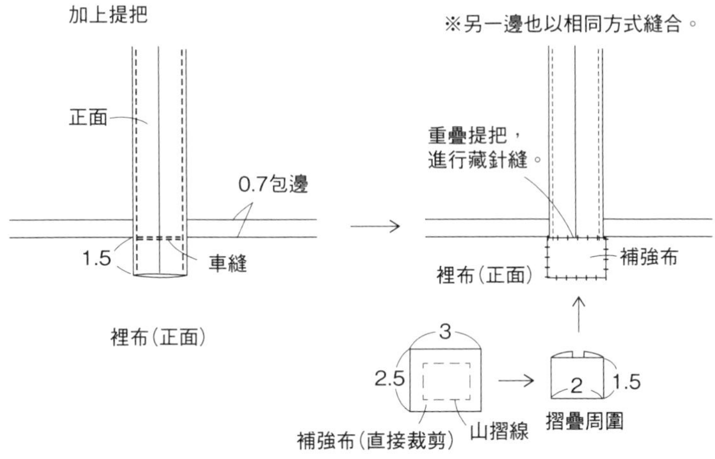

加上提把

正面

0.7包邊

1.5

車縫

裡布（正面）

※另一邊也以相同方式縫合。

重疊提把，
進行藏針縫。

裡布（正面）

補強布

3

2.5

補強布（直接裁剪）

山摺線

2

1.5

摺疊周圍

完成圖

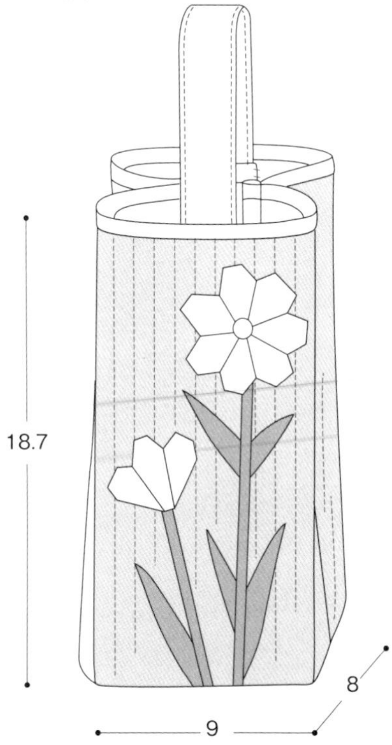

18.7

8

9

26

作品 P.46

卡片夾

材料

底布…灰色圓點30×15cm、貼布縫用布…使用零碼布、裡布·鋪棉各30×20cm、長20cm拉鍊1條

作法

1 底布進行貼布縫，製作本體表布。
2 **1**重疊裡布、鋪棉，縫合，翻回正面，進行壓線。
3 安裝拉鍊。
4 底部車縫，包住縫份，進行藏針縫。

原寸紙型

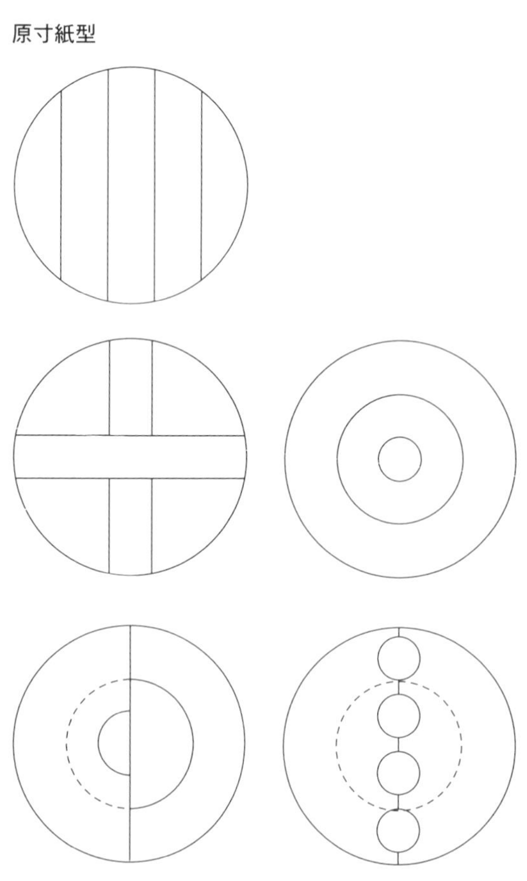

配置圖

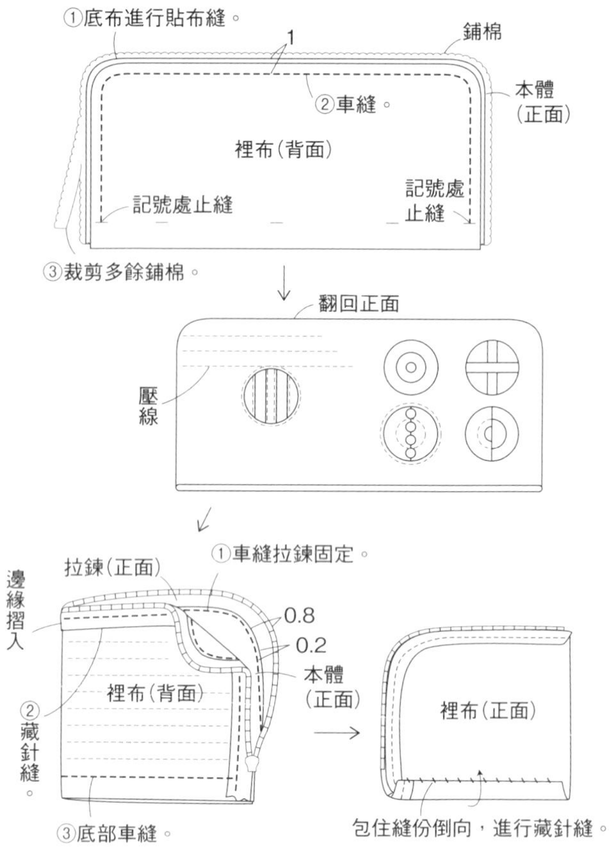

拉鍊位置
1
1
9
0.5
壓線
貼布縫
貼布縫
0.2
裡布縫份多預留空間裁剪。
壓線
11
11
※貼布縫皆進行落針壓縫。
①底布進行貼布縫。
1
鋪棉
②車縫。
本體（正面）
裡布（背面）
記號處止縫
記號處止縫
③裁剪多餘鋪棉。
翻回正面
壓線
①車縫拉鍊固定。
拉鍊（正面）
邊緣摺入
0.8
0.2
本體（正面）
裡布（背面）
②藏針縫。
裡布（正面）
③底部車縫。
包住縫份倒向，進行藏針縫。

完成圖

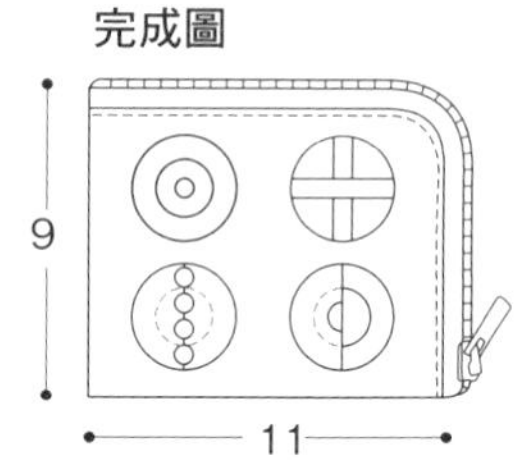

9
11

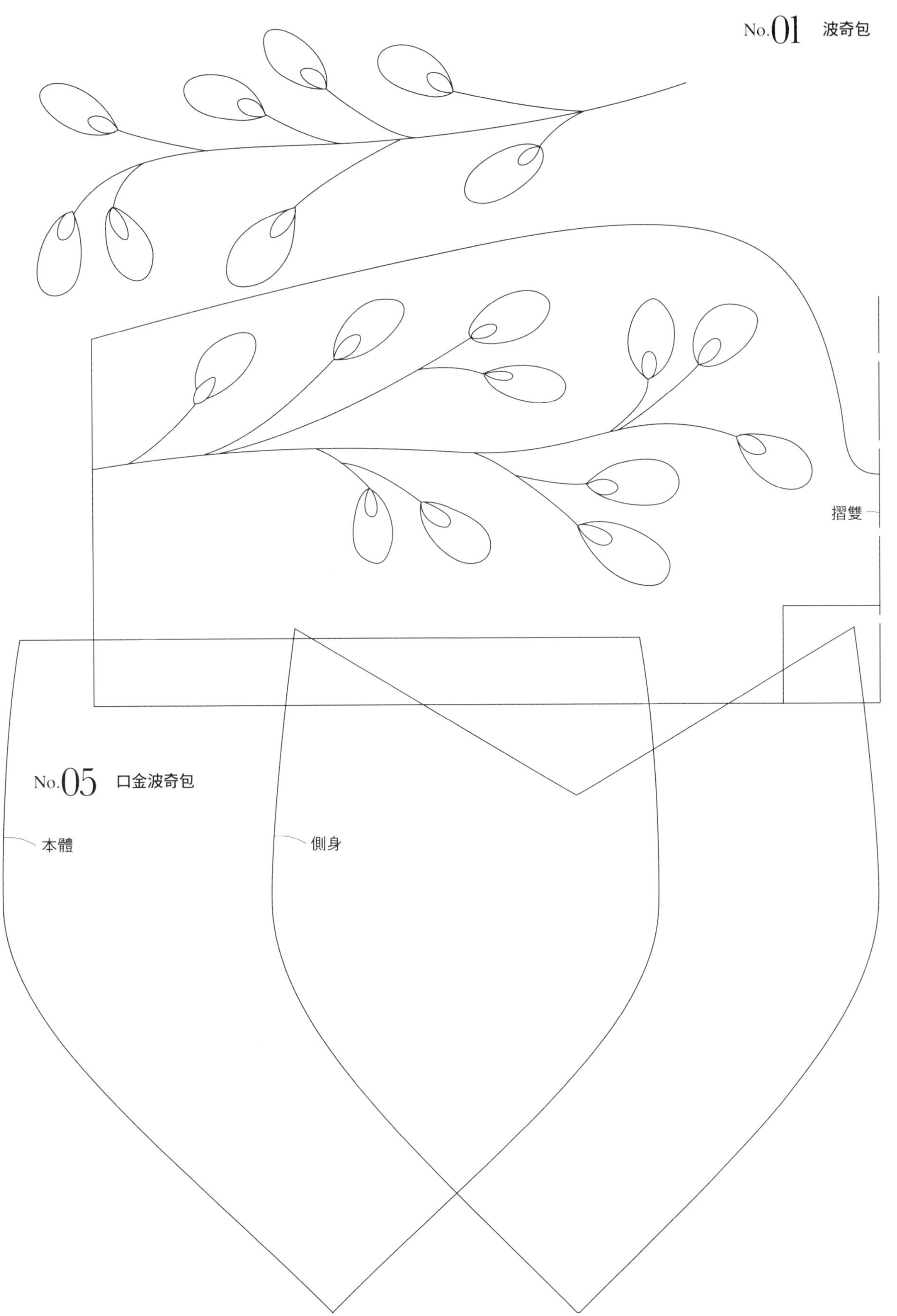
No.01 波奇包
摺雙
No.05 口金波奇包
本體
側身

No.02 青鳥波奇包

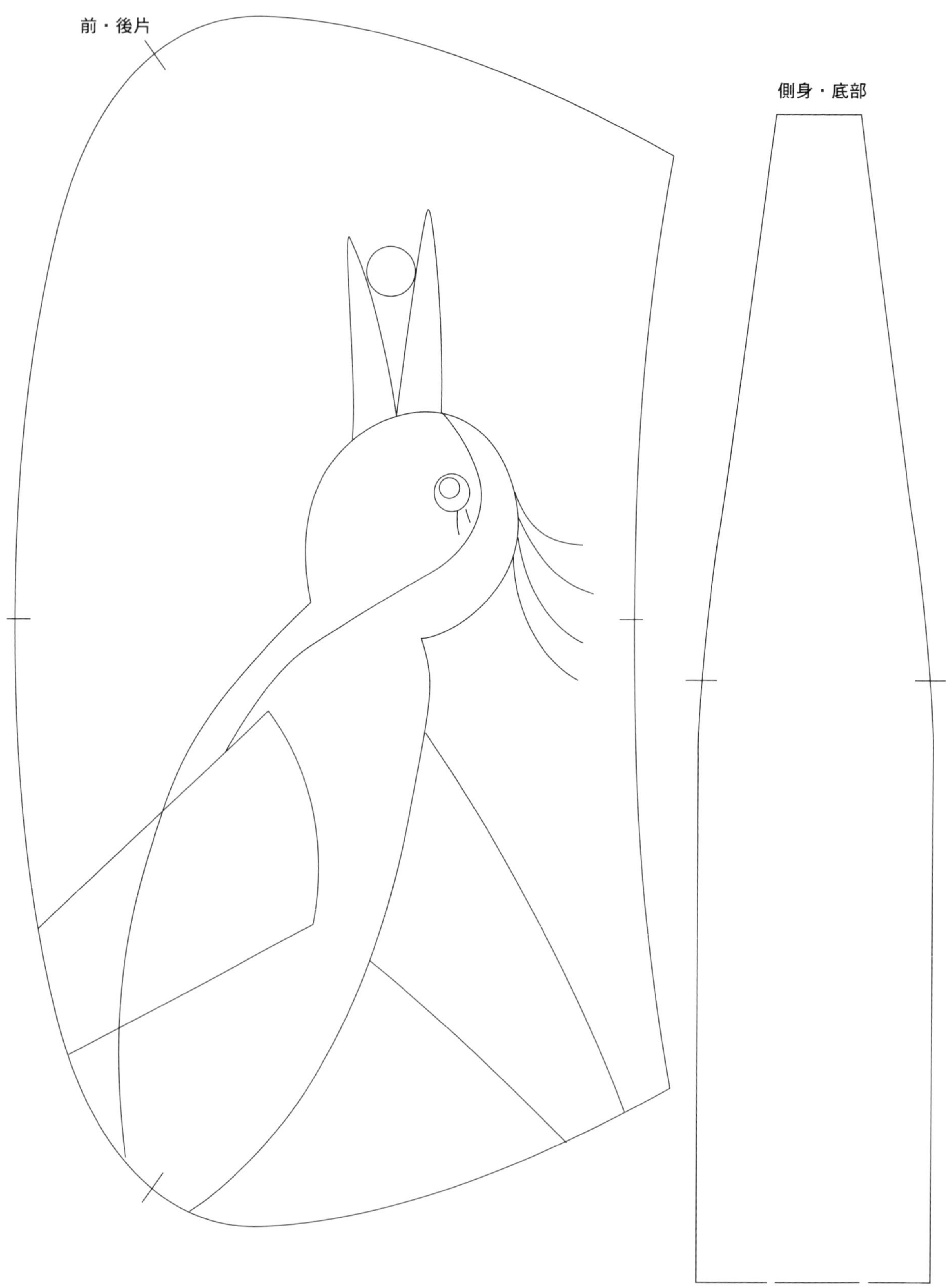
前・後片
側身・底部

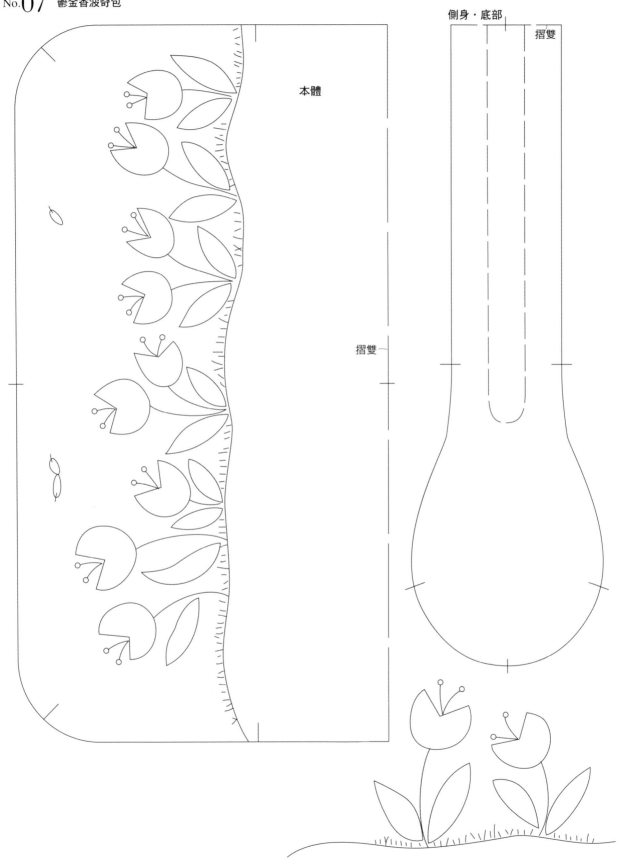

No.07 鬱金香波奇包

本體

摺雙

側身・底部

摺雙

No.11/12 兔子情侶娃娃

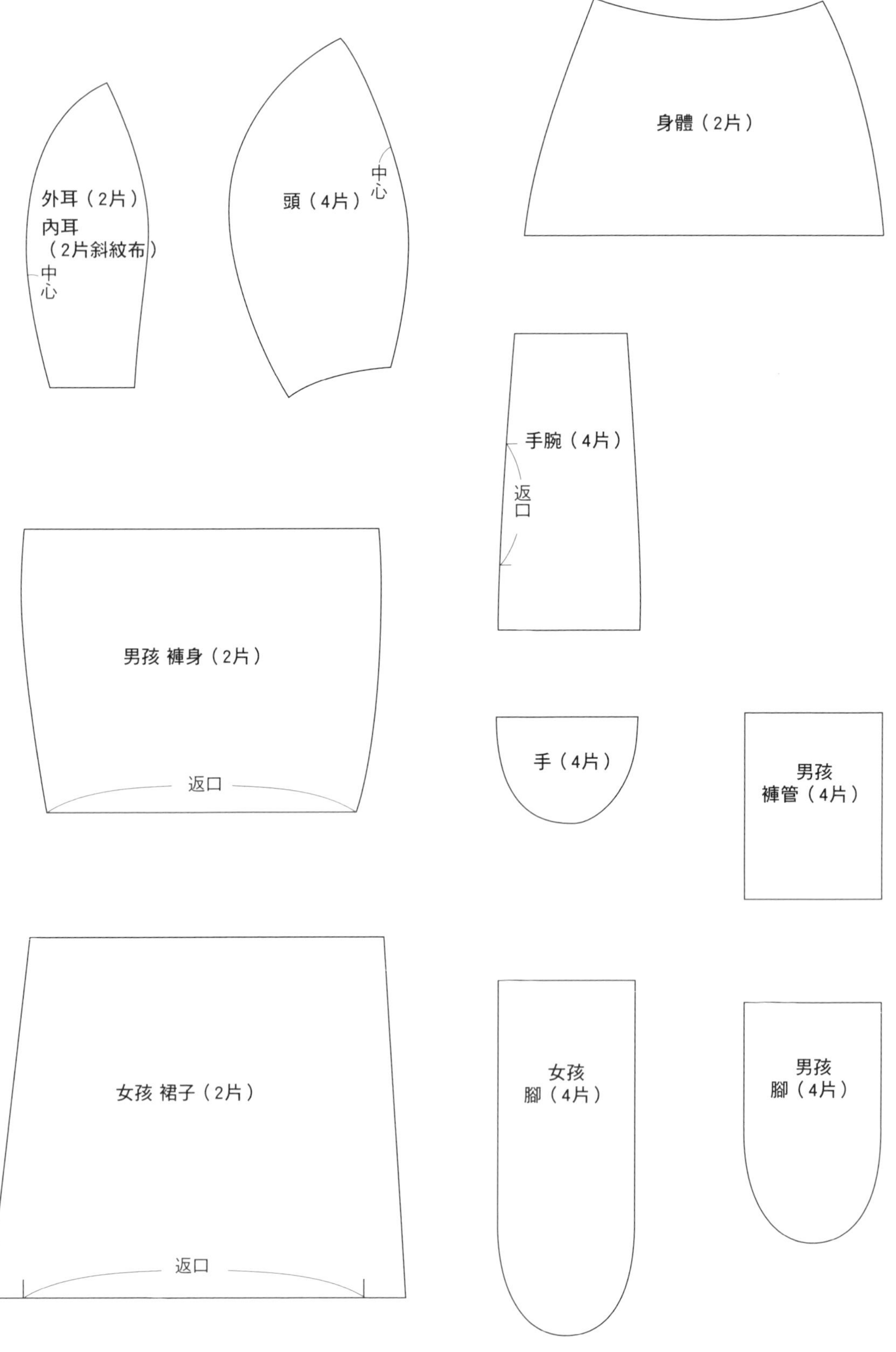

外耳（2片）
內耳
（2片斜紋布）
中心
頭（4片）
中心
身體（2片）
手腕（4片）
返口
男孩 褲身（2片）
返口
手（4片）
男孩
褲管（4片）
女孩 裙子（2片）
返口
女孩
腳（4片）
男孩
腳（4片）

No. 25 保特瓶袋

No. 22 捲筒衛生紙盒

※放大200%使用

No. 17 零錢包

國家圖書館出版品預行編目資料

斉藤謠子的手心拼布：可愛感滿滿的波奇包．口金包．收納小物／斉藤謠子著；楊淑慧譯.
-- 初版. -- 新北市：雅書堂文化, 2020.03
面；　公分. -- (拼布美學；45)
ISBN 978-986-302-532-0(平裝)
1. 拼布藝術 2. 手提袋

426.7　　　109002028

PATCHWORK 拼布美學 45

斉藤謠子の手心拼布

可愛感滿滿的波奇包・口金包・收納小物

作　　者／斉藤謠子
譯　　者／楊淑慧
發 行 人／詹慶和
執行編輯／黃璟安
編　　輯／蔡毓玲・劉蕙寧・陳姿伶・陳昕儀
執行美編／周盈汝
美術設計／陳麗娜・韓欣恬
出 版 者／雅書堂文化事業有限公司
發 行 者／雅書堂文化事業有限公司
郵政劃撥帳號／18225950
戶　　名／雅書堂文化事業有限公司
地　　址／新北市板橋區板新路206號3樓
電　　話／(02)8952-4078
傳　　真／(02)8952-4084
網　　址／www.elegantbooks.com.tw
電子信箱／elegant.books@msa.hinet.net

2020年3月初版一刷　定價480元

經銷／易可數位行銷股份有限公司
地址／新北市新店區寶橋路235巷6弄3號5樓
電話／(02)8911-0825
傳真／(02)8911-0801

斉藤謠子

拼布作家。重視色調的配色及用心製作的作品。除了日本以外，在國外也獲得很多粉絲的支持。在電視節目及雜誌等各大平台上也很活躍。於千葉縣市川市開設拼布商店&教室「Quilt Party」也擔任日本VOGUE社拼布塾、NHK文化中心的講師。著作繁多，多本繁體中文版著作皆由雅書堂文化出版。

斉藤謠子Quilt school&shop
Quilt party（株）

http://www.quilt.co.jp
Webshop: http://shop.quilt.co.jp

製作協助
石田照美・折見織江・河野久美子・中嶋惠子・船本里美・山田數子

STAFF 原書製作團隊

攝影／石井宏明・森谷則秋（P.48～P.55）
造型師／井上輝美
書籍設計／竹盛若菜
製圖／tinyeggs studio 大森裕美子
模特兒／井上彩
編輯協助／片山優子・鈴木さかえ・宮本みえ子
編輯／石上友美

攝影協助

AWABEES・UTUWA

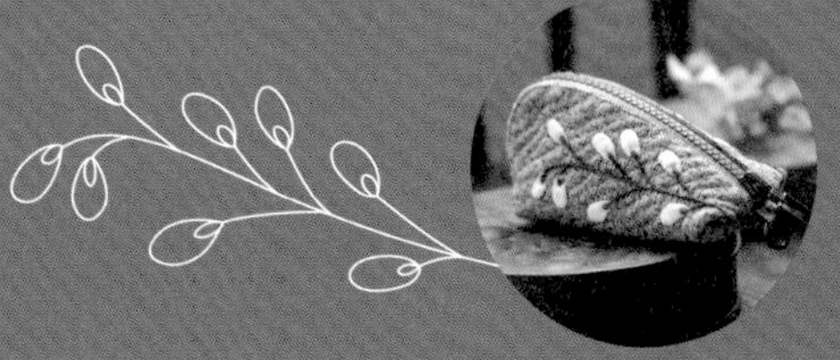

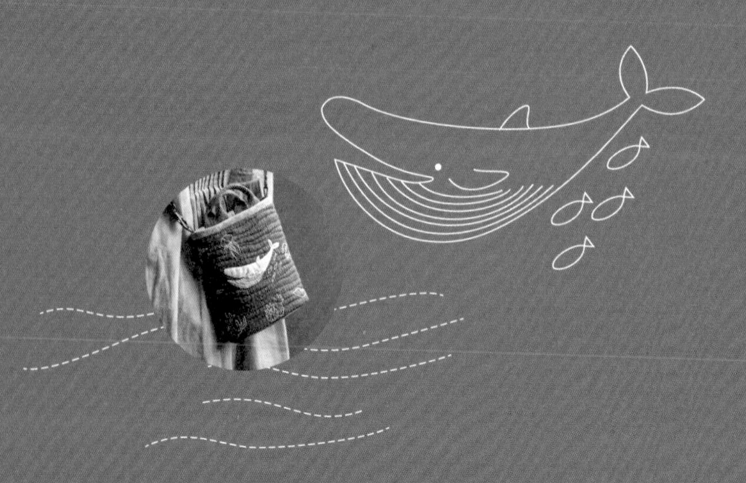